儲かる農業論

エネルギー兼業農家のすすめ

金子 勝 Kaneko Masaru
武本俊彦 Takemoto Toshihiko

a pilot of wisdom

はじめに

「常識」を考え直す

食や農業に関する「常識」をくつがえしたい、と筆者は考えています。

中でも、根本的な問いは次のようなものです。日本でも、農業が生き残るには農業だけをやる農業者の経営規模をできるだけ大きくすればいい、それが農業の国際競争力を高める道であるという「常識」がまかり通っています。果たしてそれは正しいのでしょうか。

政府もジャーナリズムも一部の学者も、この「常識」を疑うことなしに、農業政策を進めています。しかし、それで日本の農業は本当に生き残れるのでしょうか。大規模・専業化以外に、農業・農家が成り立つ道はないのでしょうか。

これは担い手の高齢化が進む農業・農家にとっても、安全な農作物を安心して食べたいと思っている消費者にとっても、一番重要な問いかけです。もしも、今、正しいものとして推し進められている政策を続けると、かえって日本の農業が滅びてしまうとしたら、どうでしょうか。私たちは、とんでもない間違いをしていることになります。立ち止まって考えてみなければなりません。

「百姓」の意味

まず、日本の歴史的・地理的特徴から見てみましょう。日本の国土は森林が約七割を占め、残りの平地の人口密度が高いという特徴を持っています。そして稲作中心のモンスーンアジアの農業です。そこに欧米をモデルとした大規模・専業化が成り立つでしょうか。

ここで手がかりになるのが、昔からある「百姓」という言葉です。

百姓と聞いて、読者の皆さんはどういう人を思い浮かべるでしょうか。おそらく多くの人は、「お百姓さん」とは、「農家」「農業者」「農民」と表現はいろいろとあるでしょうが、農業という仕事に従事する人をイメージするでしょう。しかし、「百姓」という言葉には、もともと農業に関係する人という意味は含まれていませんでした。

たとえば、広辞苑（第六版・岩波書店）を見ると、「百姓」は、「ひゃくしょう」あるいは「ヒャクセイ」と読まれ、第一の意味は「一般の人民。公民」とされ、二番目に「農民」がきます。そして三番目には「いなか者をののしって言う語」となっています。

「百姓」とは、本来たくさんの姓を持った一般の人民を指すものであり、古代の日本では「おおみたから」と呼ばれていました。また、現在の中国や韓国では、「百姓」という言葉は「普通の人々」の意味に使われていますが、それはかつて士大夫（国家に仕える官僚のような人々のこと）ではない「一般の人民」を百姓と呼び、それがそのまま用いられているのだとされています。

以上から推測すると、「百姓」という言葉自体には、本来農民という意味は全く含まれていなかったようです。

では、なぜ多くの日本人が「百姓」≠「農民」と考えるようになったのでしょうか。七世紀から八世紀にかけて「律令国家」が成立して以降、中世、近世に至るまで、百姓に与えた一定面積の水田から生産されたコメを基礎にした租税・公租を財政の基盤としていました。そのため、支配者はほぼ一貫して「農は国の本」「農は天下の本」という姿勢をとり続け、百姓が農民として健全であることを強く求めてきたのです。「百姓が農民であってほしい」というのは、国家の極めて強い意思だったと考えられます。

しかし、そもそも百姓＝農民という観念が成立したとしても、百姓＝農民という実態はあったのでしょうか。そして、農民は農業に専一（専業農家）だったのでしょうか。

十九世紀後半に起きた明治維新によって成立した明治新政府は、一八七二年に「壬申《じんしん》戸籍」を作成します。国民の実態を把握するために戸籍調査をするのは、近代国家を目指すためには必要な前提条件です。明治新政府は、壬申戸籍において、四民平等の観点から百姓・町人という身分用語を廃止して、百姓を「農」、町人を「工」「商」に区分して、実際には全くの虚像である「士農工商」の職業区分が創出されたといわれています。その結果、「農」に分類される人々の割合は地域によりばらつきはありますが、おおむね80〜90％を占めていましたから、自動的に、その当時の日本は、農民が有業人口の約八割を占める農業国家であるといった位置づけがなされたことになります。しかも明治政府ができてすぐは、地租が大きな税源でした。

しかし、百姓はもともと一般の人々、あるいは国家に仕えるお役人以外の人々ということですから、農業に従事する人も含まれますが、農業以外の仕事に従事している人も含まれることになります。具体的には、農村では自ら耕作する大規模な農地を持った地主（豪農）、自作農、土地を持たない農業労働者、漁村では漁業者や水産加工業者、山村では林業者・木材業者、町では酒づくり、醤油《しょうゆ》づくりのような醸造業者、繊維・衣料の製造業者、土倉といった金融業者、廻船《かいせん》業をはじめとする運輸業者等、自営業者及びその従業員が、百姓に含まれていたと考えられます。このように考えれば、百姓は農業に関係する人が大きなウエイトを占めていたとしても、百姓≠農民という関係にはなかったと思われます。

さらに、多くの農民は、農業からの稼ぎと農外（農業以外）の稼ぎで生計を維持していたと考えられます。歴史家の網野善彦氏は、江戸時代の農民の農外の稼ぎを除くと、狭義の農業の比重は40％台になると推計しています（『「日本」とは何か　日本の歴史00』〈講談社学術文庫〉）。以上からすると、昔から農民は専業農家というよりも、兼業農家であったと考えるのが適切なのではないでしょうか。

日本の農家経営の本質は兼業

今日まで、百姓＝農民、農民＝専業農家という観念は、実態はそうではなかったにもかかわらず、政策当局者をはじめ農業政策に利害関係を有する人々の考えに影響を与えてきました。すなわち、「農民は生きる手段として農業を行っている」という当然の認識ではなく、「農民は農業をするために生きている」という倒錯した考えを持つようになったのです。

なぜ、そのような考えが生まれることになったのでしょうか。それは、国家の運営に必要となる財源を土地に求め、その負担者は百姓＝農民であるとすることによって、為政者のみならず社会一般に「農業は特別な存在である」という考えが形成されてきたからでしょう。

これは、社会制度上の用語が農業を中心につくられていることからも明らかでしょう。たとえば、江戸時代の事例として、ごくわずかな農地を持っているだけで一年のほとんどを廻船交易に従事していた人が、たまに帰ってきた時に農業をやっていた場合、主たる生業は廻船の仕事であって、農業は廻船の仕事の合間を縫って行う副業であったことは明らかです。にもかかわらず、この人は、廻船の仕事は「農業」の副業として「農間稼ぎ」「作間稼ぎ」と記録されることになります。本来なら、廻船の仕事が主業ですから、農業を「船間稼ぎ」と記録すべきでしょうが、そうはならなかったのです。

このように日本では、国家の意思によって、農民、それも農業専業を望ましいとする考え方が広く一般に流布されました。そのため、今日でも、サラリーマンで、ごくわずかな農地を持って時々農業をやっている程度の家でも、農業所得が農外所得よりも少ない「第二種兼業農家」と呼ばれます。これは、サラリーマンが片手間に土いじりをしているといった方が実態に近いかもしれません。いずれにしても、このような用法の中にも江戸時代の「農間稼ぎ」の考え方と同様、農業を中心とする観念が影響しているといえるでしょう。

しかし、こうした考え方は現実とは著しく乖離《かいり》してしまいました。第二種兼業農家が圧倒的となり、農業を専業で行っている人はごく少数になったばかりでなく、農業の担い手そのものが高齢化し、食料自給率が先進国の中でも異常に低くなっているからです。しかも、農産物価格が継続的に下落を続けるデフレ経済のもとでは、借金をして規模を拡大し専業農家になれば、かえって生活が破綻《はたん》する危険性が増します。むしろ、リスクを分散するためには兼業を選択する方が理にかなっているといえるでしょう。

依然として、農業政策を立案する人々は、農家は農業をやるために生きていることを暗黙の前提にしているところがあるようです。しかし、現実には、生きる手段の一つとして農業を選択している農家の人々が少なからず存在するのが事実です。こういう現実感覚に基づいて、農業政策を根本から考え直してみることが大切です。

新しい農家経営モデルへ

実際、将来にわたって日本の農業は存続しうるかどうかという岐路に立たされています。もし、このまま農業が衰退したら、どういうことになるのでしょうか。二十一世紀の初めに穀物価格の高騰と世界的な食料危機が起きましたが、気候変動に関する政府間パネル（ＩＰＣＣ）が警告するような地球温暖化に伴う食料・水危機等が起きることも懸念されています。将来、こうした事態に日本は対処できるのでしょうか。さらに環太平洋連携協定（TPP）で懸念されるさらなる食料自給率の低下に加え、貿易赤字が二四カ月間（二〇一四年六月時点）続く中で、日本は今後も海外から食料を確保できるのでしょうか。農業や食料の問題は、当面は何とかなるように見えます。しかし、いったんリスクが発生すると、社会は深刻な危機に陥ります。

ここで立ち止まって農業＝専業農家という「常識」を疑い、どのようにすれば、農業者が生き残り、消費者が安全・安心な食を確保できるのかを考える時がきたのかもしれません。

本書のタイトルにある「エネルギー兼業農家」は、そのあるべき姿を示しています。それは、文字通り、エネルギーを売ることを兼業にする小規模農家を指しています。そして、それこそが筆者が主張してきた6次産業化と併せて、安全・安心を基軸にした未来を先取りする、先端的な農家経営のあり方なのです。

目次

第二章　新しい兼業スタイルへ　63

第三章　日本の再生可能エネルギーと農村・農業　93

おわりに　167

第一章　食と農が崩壊する時

食料自給率とは

「食料自給率」という言葉があります。日本人の日々の食生活は、国内で生産されるものと輸入に依存しているものとから形成されていますが、食生活における国内生産の割合を食料自給率といいます。

食料自給率には、生存に必要な熱量（カロリー）に着目したカロリーベースの自給率と経済的価値に着目した生産額ベースの自給率の二つがあります。二〇一二年の実績で、前者は39％、後者は68％と計算されます。この数字の違いは、単位面積当たりのカロリーが大きい穀物やイモ類のウエイトが下がり、単位面積当たりのカロリーは小さいものの生産額の大きな野菜や果実のウエイトが大きくなってきたことを反映したものです。

日本の場合、この半世紀の間に、食料自給率（カロリーベース）は80％近い水準から40％前後へと大きく低下しています（24ページ、図1）。そして食料自給率の水準は、先進国（カナダ258％、オーストラリア205％、フランス129％、アメリカ127％、ドイツ92％、

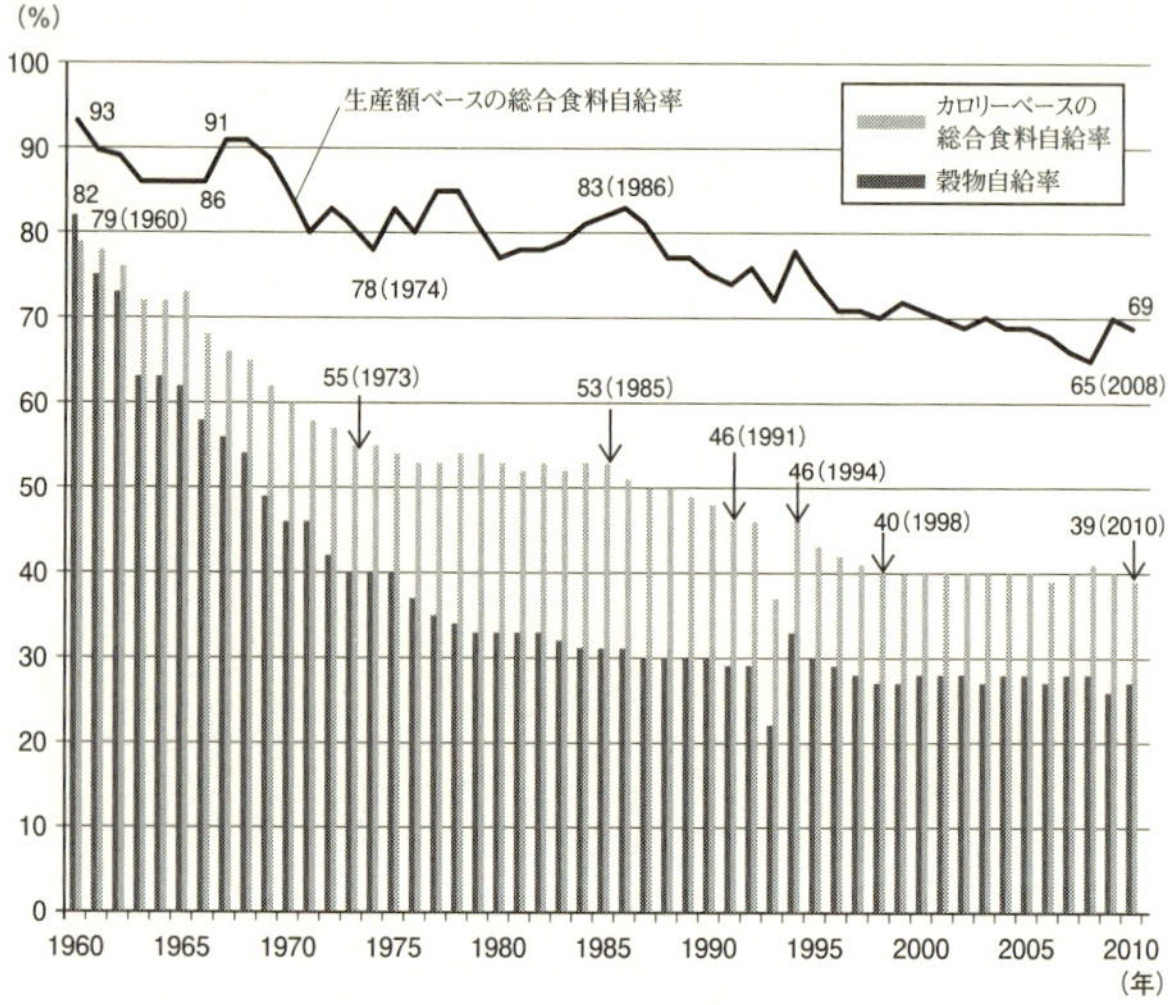

図1　食料自給率の推移
（農林水産省「食料需給表」より）

イギリス72%〈数字は二〇一一年〉）の中で、最低となっています（図2）。食料の国内生産で足りないものは、輸入することになりますが、日本の場合は、食生活の六割を輸入に依存しているのです。

こうした状況について、人々はどう考えているのでしょうか。

内閣府の「食料の供給に関する特別世論調査」（二〇一四年一月実施）という資料があります。その調査では、カロリーベースの食料自給率（39%）を「低い」と回答した割合が44・2%、「どちらかというと低

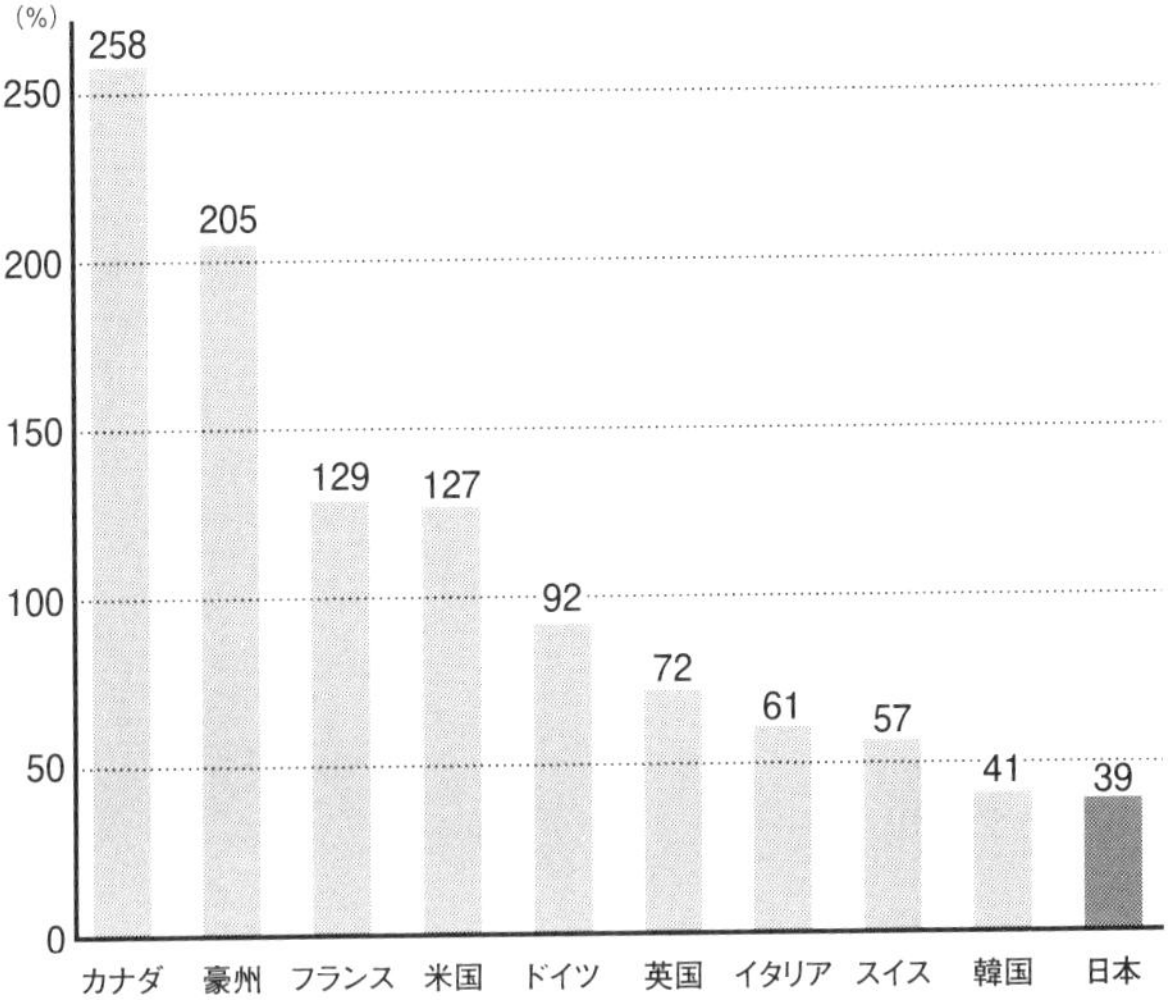

図2　食料自給率の国際比較
(2011年／農林水産省「食糧需給表」などをもとに作成)

い」が25・2%、合わせて69・4%になっています。生産額ベースの食料自給率（68%）を「高めるべき」は46・2%、「どちらかというと高めるべき」は34・4%、合わせて80・6%になります。つまり、七割の日本人が食料自給率を低いと思い、八割の人が食料自給率を高めるべきであると思っています。

国民の間で、食と農に関する危機意識が広がっているといっていいでしょう。それは、もしかしたら安全・安心な食料が手に入らなくなるかもしれない、高いお金を出さないと買えなくなるかもしれない、あるいは人によっては、農村の崩壊を食い止めなければならないという意識です。

しかし、その不安はまだ漠然としているかもしれません。そこで、食と農の危機がどのような場合に生ずるのか、そしてどのような方向をとれば、危機は回避されるのか。より具体的に考えてみましょう。

食料自給率低下はなぜ起きたのか

日本の食料自給率が五〇年間に半減した背景には、高度成長の過程において、急速な工業化を通じて工業製品を輸出し、農産品は輸入することが有利となってしまったことがあります。さらに国民の所得水準の向上に伴いコメの消費が減少するとともに、輸入に依存する飼料穀物から生産される肉・乳製品や植物油脂を中心とした洋風化された食事スタイルへの変化が、極めて短期間に起きたことも関係しています。

また、高度成長過程においては、工場用地や住宅用地、あるいは道路や飛行場・港湾といったインフラ用地の需要が増加しましたが、「計画なくして開発なし」「建築不自由」を前提とするヨーロッパ型の都市計画制度がない中で、平地の少ない日本では、農地を使わせろといった転用圧力が強まるとともに地価の高騰を招きました。

実際、都市部だけでなく、日本の全国土を総合的に開発し、都市と農村との格差を解消する観点から道路等のインフラを整備し、賃金の低い地方への工場立地が促進されました。その結果、農家は自宅から通勤する兼業の機会が増え、その所得水準も都市のサラリーマンの水準を上回るようになりました。そうなると、コメ等の土地利用型農業においては、都市部へ流出した人々の所有する農地を買い入れて規模を拡大して農業所得の増大を図っていくよりは、在宅のまま兼業しつつ農業を行う方が有利になったのです。

その一方で、国民の所得水準の上昇や食事スタイルの変化に伴ってコメの消費が減少するようになったにもかかわらず、国はコメの生産者価格を引き上げていきました。その結果、コメの過剰生産を招き、膨大な在庫がたまったのです。国はその過剰在庫の処理に三兆円の税金を使わざるを得なくなりました。こうしたコメをめぐる環境の変化に対しては、需給と価格を国が統制するそれまでの食糧管理制度から、価格メカニズムがより有効に機能するシステムに転換すべきだったのです。

しかし、実際にとられたのは、コメの価格を維持しつつ生産量を減らす生産調整（減反）政策でした。この政策は、一九七一年に本格的に実施されてから現在まで続いていますが、こうした減反政策は、意欲と能力のある生産者のイノベーションの芽を摘むことになり、結果的には水田農業の衰退をもたらす一方で、食料自給率全体を低下させてしまったのです。

国際分業論に立脚しても輸入できない事態

食料自給率が低下しても、必要な食料を滞りなく輸入することができれば、国民の食生活にとって問題とはなりません。

国際分業の伝統的な理論として、比較生産費説という考え方があります。他国と比べて、相対的に少ない労働量で生産できる産業を比較優位にあるといい、各国は比較優位にある産業に特化して、それを輸出し、比較劣位にあるものは輸入した方が、一国ではできない量の生産や消費を実現できるというものです。つまり、それぞれの国が得意な産業に特化し、自由貿易を進めれば、世界全体が豊かになるという考え方です。

もちろん現実はそうなっていません。欧米先進国は発展途上国と比べて、工業製品だけでなく農業でもはるかに生産性が高く、貧しい途上国は貿易赤字と累積債務に苦しんでいます。ともあれ、日本は比較生産費説に忠実に行動してきたかのように見えます。

日本は、高度成長期には加工貿易立国の考えから、食料やエネルギー源、原材料を輸入し、それを国内で加工したうえで輸出し、稼いだ外貨でまた必要な食料、エネルギー源、原材料を輸入できたからです。こうした循環を通じて、経済成長を実現し、国民の所得水準の向上に成功しました。当時は、日本は世界中から高品質の農畜水産物を安定的に輸入していたのです。

しかし、こうした状況が可能となるには前提条件があります。第一に、必要な食料を輸入することができるだけのお金（購買力）があることです。第二に、価格の高いところへ輸出することは生産者の利益なので、生産者が価格の高いところへ売っていくことに政府が規制を加えないことです。そして第三に、世界中の農産物が需要の変動に応えて、絶えず安定的に供給されているということです。

問題は、こうした前提条件が成り立たない事態が現れ始めている点です。実際、最近は、水産物や畜産物のうち高付加価値なものの買い付けにおいて、中国等の新興国や欧米との間で日本が買い負ける事態が起こっています。すなわち、日本側が提示する価格よりも高い値段を提示する国が増えてきたということです。

日本経済のデフレによる停滞状況が続いていけば、今後とも「買い負け」がますます増えていくことにもなりかねません。

輸出を渋る途上国

アメリカを中心に住宅バブルがピークを迎えていた二〇〇六年から〇八年にかけて、世界の穀物価格が高騰し、途上国を中心に食料をめぐる暴動が起こりました。また、輸出国の中には輸出を禁止する等の規制措置をとったところもありました。どうしてこんなことが起こってしまったのでしょうか。

食料危機に伴い国際価格が高騰しても、日本をはじめ購買力のある先進国は必要な食料を輸入していくことができます。しかし、途上国の場合は必要な食料を確保できなくなるので、国内で暴動が起こり、場合によっては政府転覆という非常事態も起こりかねないのです。

また、国際価格の高騰は、国内の食料価格にも影響を与えることになります。特に新興国や途上国の場合には、輸出を自由にやらせれば自国内の食料価格はますます上昇することになり、自国民の中の多数の貧しい人々が食べていけない状況に追い込まれることになります。したがって、こうした事態を避け、自国民の生活安定のために輸出を規制、あるいは禁止せざるを得なくなったのです。これまでは日本のように工業に競争力がある一方で農業に競争力のない国は、工業に特化して、農産品は輸入するのが望ましいというナイーブな国際分業論が幅を利かせ、加工貿易立国路線を邁進《まいしん》してきたのです。

しかし、工業製品を輸出して多額の貿易黒字をためてきた日本にとって、お金がいくらあっても食料を買えない状況が生まれてきたのです。

円安になっても貿易赤字が続く

そのうえに、最近の貿易収支・経常収支の動向を見ると、異次元の金融緩和政策によって為替《かわせ》相場はそれまでの円高から円安に振れました。

それにもかかわらず、貿易収支は赤字が二〇一四年六月時点で二四カ月続き、しかも月間の赤字額は拡大傾向にあります。それを反映して、経常収支は急速に黒字幅が減少しており、ついに二〇一四年前半期には赤字に陥りました。

今までは、円安になれば、輸出価格が安くなるので輸出が増加し、その結果、貿易収支は黒字化するというのが一般的なシナリオでした。

しかし、国内の製造業は、これまでの円高時代に国内生産をやめて海外立地を進めたため、国内産業の空洞化が起きていたのです。その背景には、アナログ技術からデジタル技術へ、また加工業においてインテグラル（すり合わせ）型からモジュラー（組み合わせ）型へ生産技術が変化したため、日本企業の優位性が失われたことがあげられます。日本の製造業、とりわけ電機産業は、強い協力関係を持つ中小下請け企業を含め、サプライチェーンにおいて優秀な技術や技能でできてくる多数の部品をすり合わせることで、高品質な製品づくりをしてきたのですが、デジタル化で部品のモジュール化が進み、それまでのすり合わせによる競争力の優位が確保できなくなりました。

そこへ「選択と集中」の名のもとに、リストラされた技術者が中国・韓国・台湾といった新興国に流れ、急速なキャッチアップを許したのです。こうして、電化製品に代表される日本の製造業は急速に国際競争力を喪失してしまったのでした。

さらに、スーパーコンピュータ（スパコン）は科学技術計算専用のベクトルプロセッサを搭載するベクター型から、インテル等の汎用《はんよう》プロセッサを多数並列接続して高速処理をするスカラー型に一変して、大容量化、高速化、小型化が進み、クラウド・コンピューティングによる大量情報（ビッグデータ）の並列分散処理が可能になったことによって、端末も小型化が進みました。グーグルやアマゾン等がどんどん個人情報を集積する一方で、ものづくりは、スパコンによる情報の総記録技術を基礎として大量の情報を使って制御したり、利用者のニーズにあったソフトやコンテンツを提供したりするようなものへと進化しました。携帯音楽プレーヤーやスマートフォン等はその一例にすぎません。日本はこうしてIT革命に取り残されてしまいました。

このような変化のため、円安になったからといって国内生産を増やせる状況にはないのです。そればかりでなく、円安は輸入にとっては円建て価格を上昇させるので、海外からの輸入品、原油をはじめとする資源の輸入価格の上昇をもたらします。このことも貿易赤字の拡大の原因となっているのです。

いずれにしても、今後の国内経済の動向がどうなるのかにもよりますが、これまでのように製造業部門の輸出を拡大し、これにより外貨を稼ぐことを前提に、食料や原油等の資源の輸入を行うという加工貿易立国路線を踏襲していける産業基盤は大きく揺らいでいます。もし貿易赤字が恒常的な経常赤字になっていった場合、食料は海外から買えばいいとはいえなくなります。

儲《もう》からない国内農業

そうした国際環境を踏まえ、食生活の基本はやはり国内生産＝日本農業だと思ってみても、日本が世界の経済大国になるに伴い、欧米から貿易自由化が求められ、そうした要求に応じてきた結果、日本農業の生産力は衰退しつつあります。世界的に食のリスクが高まる中で、日本農業の担い手が減少するという深刻な危機に直面しているのです。

まず、日本農業の衰退の理由は明らかです。農業が「儲からない産業」になったことです。日本は、バブル崩壊後の不良債権処理に失敗してからデフレ経済に突入し、さらに二十一世紀初頭には人口減少社会に移行しました。こうした変化に伴い、日本農業は、農産物価格の下落と需要量の減少によって売上げが減少する一方、農業生産に必要な生産資材コストは原油価格の高騰によって上昇していることから、利益（所得）が減少を続ける「儲からない産業」になってしまったのです。

日本農業がこうした状況に陥った結果、若い人々にとって農業への魅力を喪失させ、ま

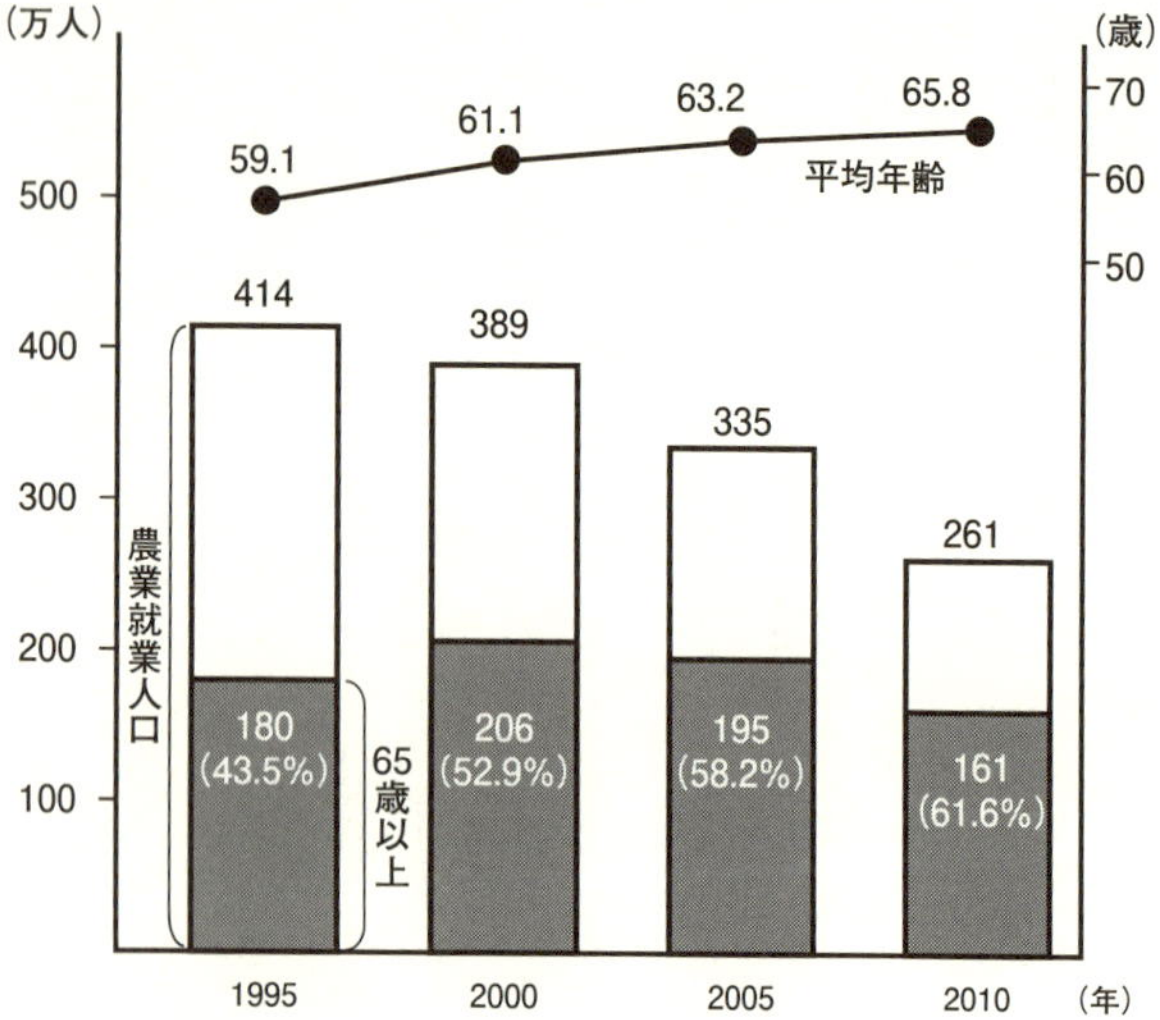

図３　農業就業人口の推移
（農林水産省「農林業センサス」より）

た、農業に従事している人々の意欲を減退させています。

また、農業従事者の高齢化の程度は、諸外国に比べ異常なほど高くなっています。二〇一〇年の農業就業人口（図３）は二六一万人となり、二〇〇〇年と比べ33％も減少し、そのうち六五歳以上の人の割合が六割、七五歳以上の人の割合が三割にも達しており、平均年齢も高齢化が進んでいます。一九九〇年代以降、農地が使われないという「耕作放棄地」も増え、二〇一〇年には39・６万ヘクタールに及んでいます。これは滋賀県の面積にほぼ匹敵する規模です。

不安定化する食料価格

その一方で、食料の潜在的リスクが高まっています。

まず、中長期的に見て、食料の国際需給は不均衡化し、その価格は大きく変動するおそれがあります。世界の食料事情は、人口の増加と、新興国を中心にした所得の向上等によって需要の増大が見込まれています。

しかし、供給面を見ると、農地面積が増えない状況で単収（単位面積〈たとえば一〇アール〉当たりの収穫量）の伸び悩みが見込まれています。また、農業の生産資材である肥料、農薬、燃料等はその原料を原油に依存している場合が多いので、原油価格が今後高騰することはあっても、低下する可能性は低いとされているので、生産資材価格も上昇していくおそれがあります。

さらに無視できないのは、温室効果ガスによる気候変動問題です。地球温暖化に伴う長期的な影響としては、食料、水の深刻な危機をもたらすものと見られます。IPCCによれば、温室効果ガスの増加が今のままで続けば、気温は二一〇〇年頃には、産業革命以前に比べ、最大4・8℃上昇すると予測され、その影響は湿潤地域と乾燥地域との降水量の格差、同一地域の湿潤の時期と乾燥の時期との降水量の格差をそれぞれ拡大させると考えられます。その結果、全般的に農業生産の低下を招くことに加え、現在の「北（先進国）の食料過剰」と「南（途上国）の食料不足」の格差を拡大させるおそれがあります。

以上のリスク要因を勘案すると、食料の需給に不均衡がもたらされ、その価格水準は大きく変動する傾向を示していると考えられます。

加えて、こうした世界の食料の需給・価格の不安定化の傾向は、アメリカの貿易政策や食料戦略、そして国際通貨基金（IMF）及び世界銀行の市場原理主義的な改革を途上国に強要する構造調整政策とあいまって、食料価格の過度の変動が起こりやすい状況をつくり出しています。

つまり、途上国が債務超過に陥ると、IMF及び世界銀行の構造調整政策の対象となります。すると融資の見返りに国内農業を保護するための高関税の撤廃や規制及び援助政策の廃止が求められ、自由貿易体制への転換を前提にアメリカの余剰農産物のはけ口として利用されることになります。そのため途上国はかえって国内生産を縮小して輸入への依存を強めることになるのです。その結果、輸出国の少数国化とあいまって、需給・価格が不安定化します。

食の安全への不信感

食の安全問題も新たなリスク要因として浮かび上がってきます。適切な危機管理が行われないと、農畜産物市場にパニックをもたらします。

実際に、日本では、二十一世紀の初めに、BSEや鳥インフルエンザのような動物から人へと感染する疾病が発生し、東日本大震災と東京電力福島第一原子力発電所の事故による放射性物質の環境中への大量放出等の事態にも見舞われました。こうした事態の発生に対しては初期段階の危機的状態を制圧することが政府の危機管理の要諦《ようてい》なのです。そのことに失敗し、日本社会にパニックをもたらしました。もちろん政府の危機管理のあり方の見直しを考える必要はありますが、今後は、共通感染症や大規模災害というリスクの発生がパニック型危機へとつながりかねない「リスク社会」となったことを前提に対応策を考える必要があります。

さらに問題なのは、より長期に影響が及び、まだ解明されていない点が多く残っている遺伝子組み換え作物です。遺伝子組み換え技術を用いて品種改良を行った「GM作物」は、とりあえず特定の病害虫への抵抗性、干ばつや塩害への耐性があるとされています。これによって生産の安定性が確保されるので、今後の地球温暖化の進行等によって世界の食料需給・価格が不安定化することに対しては、救世主になりうるといわれています。

しかし、GM作物を導入すると、効率性の観点から在来品種を駆逐し品種の画一化をもたらし、生物多様性を損なう遺伝子クライシスを引き起こす可能性があります。またGM作物は農薬に耐性を持ち、大量の収穫量を得ることができるものを中心に作られています。その結果、大量に肥料・農薬を散布することによる農業の工業化・化学化、ひいてはモノカルチャー（単一作物栽培）化を招き、環境面からの問題を惹起《じやつき》すると批判されています。さらに、アレルギー誘発の可能性や食品としての安全性に関する懸念があります。また、生物特許による種子の「囲い込み」が行われると、少数の独占的なアグリビジネスによる農業支配をもたらすのではないかと懸念されています。

以上の問題を含め、GM作物に対して日本やヨーロッパ諸国では消費者の抵抗感が強い状況にあることを考えると、表示ルールの徹底だけでなく、情報公開の原則のもと、国際的な機関が安全性を証明し、世界の消費者に安心感を与えることが必要になります。

農産物の貿易ルールと日本政府の対応

日本の食料自給率の低下は、長年の貿易政策のあり方にも影響されています。

日本は一九五五年に関税及び貿易に関する一般協定（GATT）に加盟し、高度経済成長を経て一九六八年には世界第二位の経済大国となりました。その結果、日本経済は貿易収支の黒字を大量にため込む体質となり、アメリカ等からは農産物をはじめ貿易自由化が求められるようになったのです。こうした要求に対して、日本の基本方針は、コメ等の重要な農産物については自由化の例外を求め、それ以外のものは自由化を行うこととしたのです。そうした基本方針に基づいて、重要農産物の自由化の例外を求めるために、必要があれば「代償」を支払ってきたのでした。

こうした対応方針は、GATTウルグアイ・ラウンド交渉（一九八六～九四年）においてコメの関税化の例外措置を獲得するという目的を達成できたという意味では成功したといえるでしょう。

しかし、コメの需給と価格を統制する食糧管理制度や減反政策といったそれまでの農業政策を、価格メカニズムがより有効に機能する新たな制度へ転換することもできず、EU諸国のように個別農家の所得を補償する直接支払い制度を導入したわけでもありません。結局、こうした後ろ向きの姿勢が、日本農業の衰退の一因となったのではないかという意味では問題があったともいえます。

また、二〇〇一年に始まった世界貿易機関（WTO）ドーハ開発アジェンダ交渉においても、ウルグアイ・ラウンド交渉における対応方針が基本的に維持されていました。

しかし、ドーハ開発アジェンダ交渉では、欧米諸国や新興国を、日本の対応方針で説得することができなかっただけでなく、農産物関税に関しては、日本以外の先進国と新興国の間で合意寸前まで交渉が煮詰まっていたのでした。結果的には、輸入が急増した時に途上国が緊急に輸入制限措置をとることができるセーフガード等をめぐって、アメリカとインド・中国等とが対立し、交渉全体が事実上の崩壊に陥ったので、日本にとって最悪の事態は免れることができました。

しかし、ドーハ開発アジェンダが事実上失敗に終わったことから、WTOを中心とする多国間の貿易協定の試みはだんだんと後退していきます。それに代わって、アメリカやEUが中心となって、二国間で個別に自由貿易協定（FTA）／経済連携協定（EPA）の交渉が頻繁に行われるようになりました。そしてそこでの議論では、企業の多国籍化やグローバル化、金融の自由化の進展、情報通信技術やバイオテクノロジーの発達に伴う知的財産権問題の発生などによって、すべての物品・サービスを対象に関税その他の障壁を撤廃するだけにとどまらず、さまざまな分野における制度やルールを調和させるための枠組みも構築していくことが求められるようになってきたのです。

そうした中で、二〇一三年三月に、安倍《あべ》晋三政権はアメリカ主導のTPP交渉に正式に参加することを表明しました。自民党は、二〇一二年一二月の総選挙で、「交渉参加6原則」を掲げていました。交渉参加6原則とは、「聖域なき関税撤廃は認めない」、「自由貿易の理念に反する自動車等の工業製品の数値目標は受け入れない」、「国民皆保険制度を守る」、「食の安全安心の基準は守る」、「国の主権を損なうような投資家対国家間の紛争解決（ＩＳＤＳ）条項は入れない」、「政府調達や金融サービスは日本の特性を踏まえる」というものです。これらが守られる保証がないとすれば、ＴＰＰ交渉そのものに参加しないとしていたのです。しかし、これらが守られる保証がないまま、ＴＰＰ交渉参加を決めてしまいました。

ＴＰＰが国内農業に与える影響

しかも、二〇一三年四月のＴＰＰ交渉参加に関する日米合意において、いつの間にか「交渉参加6原則」が「聖域なき関税撤廃は行わない」だけになってしまいました。さらに「聖域なき関税撤廃は行わない」も実現が難しそうになると、今度は農産物のうち、コメ・麦・牛豚肉・乳製品・砂糖の「重要5品目は守る」に後退しました。さらに、その実現も難しそうになると、「重要5品目は守る」も諦《あきら》め、とうとう死守ラインを「5項目586品目（タリフライン）」に改め、タリフラインごとの見直しを示唆し、目標をズルズルと後退させてしまったのです。

もちろんTPPの問題は、知的財産権、国有企業の扱い、安全基準、多国籍企業が相手国政府を訴えることのできるISDS条項等多岐にわたっていますが、農産物に関していえば、そもそもTPPは関税ゼロを目指すのが建前なので、国内農業に与える影響は無視できないほど大きいことは確かです。

国内農家が規模で競争するのは困難

問題は、政府のこれに対する対策です。膨大な財政赤字を理由に、関税引き下げに応じた個別農家への所得補償（直接支払い）の増額が考えられていません。

政府は、TPPへの備えとして、農業の大規模化を図る一方で、コメの減反政策をはじめとする従来の農業政策における規制の緩和・撤廃を図り、これにより、国際競争力を向上させ農業の成長産業化、輸出産業化を目指すとしています。

　しかし、ドイツやフランスの平均耕作面積は約五〇ヘクタール、イギリスは約八〇ヘクタール、アメリカは約二〇〇ヘクタール、オーストラリアは約三〇〇〇ヘクタールもあるのに、日本はわずか二ヘクタール程度にすぎません。農地の荒廃を防ぐために担い手に農地を集中させることは必要ですが、農地規模を二〇～三〇ヘクタールにしても、規模で競争することはできないと考えて良いでしょう。しかも、耕作放棄地になっているところは中山間地域が多く、段差があり土地が点在しているために大型機械も入れられません。またコメの場合、家族農業で現状の作付け体系を前提にすれば、約一五ヘクタール前後でコスト削減効果は止まってしまいます。そもそも、アメリカのような、真っ平らな農地に遺伝子組み換え作物を植え、飛行機やヘリコプターで大量に農薬を散布し、不法移民を使うような農業が良いかどうかは疑わしいところがあります。

　その一方、個別農家の所得補償について見ると、日本の所得補償水準は欧米諸国とは比べものにならないくらい低くなっています。今の財政赤字のもとで、直《ただ》ちにそれを二倍三倍にしていくことができるのでしょうか。

さらに、減反政策見直しに関連して、飼料米も所得補償の対象とすることで農家経営を成り立たせようとしていますが、肝心の豚肉・牛肉の関税の大幅引き下げが行われれば、大量の外国産豚肉や牛肉が輸入されるので、飼料米の売り先がなくなってしまいます。政策としては成り立ちません。

農業自体の崩壊へ

こうしたTPP対策に見られる政策の理念は、小泉純一郎政権時代や第一次安倍政権時代に立脚していた「新自由主義」(しばしば市場原理主義と呼ばれている考え方)と同じであり、必要なセーフティネットもなくそれを実行すれば、農業の効率化ではなく、農業自体の崩壊へとつながりかねないのです。もしそうなれば、安全で消費者が信頼できる食料を安定的に供給することができなくなるおそれがあり、農業の果たしている環境保全等の多面的機能も発揮されなくなります。

それは、日本人にとって重要な「社会的共通資本」ともいうべき「食と農」が見捨てられることにほかなりません。現状の人口のトレンドを延長して考えると、日本の人口減少・高齢化は今後急速に進行し、現在一億二〇〇〇万人余りの人口が二〇五〇年には約九七〇〇万人となり、全国の居住地域の約六割は人口が半分以下になると見込まれています。しかも、人口減少の中で、出生率の低い東京に人口が吸い寄せられていきます。そうした見通しがある一方で、明治大学農学部教授の小田切徳美氏は、若者をはじめとするIターン、Uターンという形の多様な田園回帰の動きについて指摘するとともに、そうした田園回帰に学び、知恵と努力で地域再生の道を歩んでいく必要があると主張しています（『「農村たたみ」に抗する田園回帰』、「世界」二〇一四年九月号）。「いずれ消滅するなら諦めよう」とばかりに、有効な対策を打たずに農山漁村を「たたむ」ようなことをすれば、全国の農地の約四割を占める中山間地域の多くが無居住地域に陥るとともに、山林は荒れて保水力が低下し、河岸はコンクリートで固められているために、気候変動に伴う集中豪雨は洪水となって下流に押し寄せ、やがて人が住めなくなる都市も出てくることになるでしょう。

もちろん、そんな事態を招いてはいけませんが、食と農をめぐるシステムや政策が現状のままでは、そうならないとも限らないのです。

新しい農家経営モデルとは何か?

これまで述べてきたような食と農をめぐる危機的状況を踏まえて、二十一世紀の農業のあり方について根本的に考え直す必要があることはいうまでもありません。当たり前のことですが、安心して食べ物が食べられない社会では生きていけないからです。そのためには、農業が、農家自身が「食べていく」ことのできる職業でなければなりません。つまり、「儲からない産業」とされる農業に代表される小規模な自営業者に「儲かる経営モデル」を提示する必要があります。

それには、「はじめに」でも述べたように、「大規模・専業化」という間違った「常識」を打ち破らなければなりません。それに代わる農家経営モデルを一言でいうと、「6次産業化」+「エネルギー兼業」となるのです。

6次産業化への転換

まず、「6次産業化」とは何なのでしょうか。

筆者が前著の『日本再生の国家戦略を急げ!』(小学館)で提示した「農山漁村の6次産業化」とは、農山漁村地域の食料という資源に加工や販売という部門を導入することによって、1次産品である食料の高付加価値化を図り、収益性を改善することです。

わかりやすくいうと、地域単位で、1次産業(農業)、2次産業(加工・製造)、3次産業(販売やそれに伴うサービス提供)を垂直的に統合することによって、産地から消費地にかけて「中抜き」される額を圧縮してコストを引き下げ、帰属する利益を増やすとともに、地域に雇用を創り出すことで所得の向上を図るということです。

たとえばコメの6次産業化を取り上げてみましょう。コメを生産して出荷するだけだったのを、ご飯や米菓に加工したり、あるいは直売所で販売したり、消費者に宅配便で直送したりすることに転換することを意味します。その際、農家自身が生産・加工・販売を行うという「事業融合」のタイプもあれば、販売部門や加工部門はそれぞれの専門業者との「事業連携」というタイプもありえます。こうした6次産業化は、これまで全国でいろいろと取り組まれてきました。

最も進んだ農協では、大々的に加工施設や販売施設を展開する事例もあります。

北海道十勝平野の士幌町《しほろちょう》では、秋のジャガイモの収穫期に雨が降り、イモが腐りやすくなるために、終戦直後から、農協が自ら澱粉《でんぷん》工場を買収して経営に乗り出しました。その後も、こうした努力が積み重ねられ、今では自ら技術研究所を持ち、ポテトチップス、ポテトサラダやポテトコロッケのOEM生産（他社ブランド製品の生産）から畜産物の加工工場まで、大々的に事業を展開しています。その結果、組合員戸数四二〇戸、七五〇人足らずの農協にもかかわらず、販売総額三一九億円、貯金総額八三〇億円の規模にまで発展してきています。筆者も主要工場を案内してもらいましたが、食品加工工場群が立ち並ぶ姿は、さながら広大な農業地帯に浮かぶ工業団地のようでした。

また、大分大山町農協は士幌町とは対極の中山間地域にあり、平均耕作面積は四反（四〇アール）の小規模零細農業が基盤です。「梅栗植えてハワイに行こう」の一村一品運動か

木の花ガルテン。写真は矢羽田正豪氏。
（『金子勝の食から立て直す旅』〈岩波書店〉より）

ら始まり、梅干しからジャムや飲料の加工工場まで展開しています。さらにきのこ栽培を行う一方で、栽培で使うオガクズに堆肥を染み込ませ、そこに独自の菌を混ぜて堆肥を作る自社工場を持ち、この堆肥で作る有機野菜を販売する直売所「木の花ガルテン」を福岡市、大分市、別府市、日田市等で九店舗も展開しています。大山町の本店ではレストランを併設したりする等、地域全体で四〇〇人近くの雇用を創り出し、年間一五億円以上の売上げを誇っているそうです。この大分大山町農協の目標の一つが「週休三日の余暇で文化を創造する」です。組合長の矢羽田正豪氏は「農村は宝の山だ」といいます。まさに「6次産業」発祥の地の一つといえるでしょう。

さらに、静岡県のサンファーマーズは、静岡市の種苗企業がトマト生産者と組んで設立された企業で、商標権（ブランド名「アメーラ」、「アメーラルビンズ」）と、静岡県が保有する特許権（静岡型養液栽培システム）の専用実施権が設定された技術を活用して生産・販売を行っています。

サンファーマーズは、生産された高糖度トマトの品質を統一し、地元のＪＡ大井川を通じて、京浜や関西等の全国一三市場へ出荷しています。この事例では、生産サイドが事業の連携・統合を図るのではなく、種苗企業がリーダーシップをとって生産者を組織化しています。そして商標権を基軸に、関係する生産者の品質を統一し、マーケティングを通じて販売を行うシステムを構築しており、今後の６次産業化の目指すべき形態の一つになると考えられます。

このほかにも、町並み保存や観光と結び付けて直売を展開する愛媛県内子町《うちこちょう》等も有名です。こうした地域全体を変えるところまではいっていなくても、今や直売所は全国で一万数千カ所もあります。地域の農産物の加工は、カット野菜、菓子、ジャム、酒まで多種多様になっています。こうした６次産業化の動きは、これまでの、作れば売れるという発想の「プロダクト・アウト」から、消費者のニーズや思いをくみ取って必要な品質と価格に対応するものを生産する「マーケット・イン」へ、経営のあり方を転換することを意味しています。農業のあり方が大きく変わりつつあるのです。

エネルギー兼業農家

次に、「エネルギー兼業農家」とは何を意味するのでしょうか。

二〇一一年三月に東日本大震災が起こり、特に福島第一原発事故によって、大量の放射性物質が環境中に放出されたことが、再生可能エネルギーへの転換を促しています。それを受けて、二〇一二年七月に再生可能エネルギーの固定価格買取制度（ＦＩＴ）が発足しました。

これは地域に住む人々に大きなチャンスをもたらします。今まで外から電力を買っていましたが、それは地域外に所得を流出させます。それに対して、固定価格買取制度のもとでは、逆に電力を自給したり売却したりすることで地域に所得の流入をもたらします。お金の流れが逆転するのです。

そうした観点から見て、地域におけるエネルギー転換のあるべき姿として、都市部に本拠を置く大企業等が地域にメガソーラーを設置するという方法で良いのでしょうか。こうした形式であれば、利益の大部分は都市に流れていくことになり、地域にはせいぜい土地の使用料や設備に対する固定資産税くらいしか入ってきません。そうではなく、地域の住民や中小企業者自身がその事業に取り組めば、利益の大部分が地域に環流し、それが地域で循環すれば、雇用と所得を拡大することが期待できるのです。

そうした主体の一つとして、「エネルギー兼業農家」が重要な役割を果たします。農業者は、その地域で土地や山林を持ち、河川や農業用水を共同管理しているからです。エネルギー源となる自然資源を持ち、利用する主体である農業者自身が、自らエネルギーをつくらなければ、地域はもちろん日本全体のエネルギー転換はできないでしょう。

エネルギー事業も農業も同じ1次産業と考えられます。その意味では、エネルギー兼業は前述した6次産業化の一つの形態でもあります。そして、農業とエネルギー事業を兼業することによって、農業者は環境に優しい安全・安心という社会的価値の守り手として、重要な役割を果たすことができるでしょう。そのことによって農業は誇り高い職業としての地位を取り戻すことができるはずです。

ともあれ、地域の資源は、地域の土地・空間からつくり出されるものであり、地域の住民が取り組む保全・管理の活動によって維持されていることを考えると、農業者を含む地域の住民によってどのように活用するかを決定できるようにすべきです。そうなれば、エネルギー兼業農家は、エネルギー地域民主主義の重要な担い手になりうると考えられます。

新しい農家経営モデル再論

もう一度、エネルギー兼業農家がなぜ新しい経営モデルとなりうるか、議論をまとめておきましょう。

まず、農業政策に関する議論としては、貿易自由化との関係で、大規模専業農家の推進がいわれてきました。実際、農業基本法における「自立経営」から、現行の食料・農業・農村基本法における「効率的かつ安定的な農業経営」に至るまで、農業における大規模・

効率化を追求して、他産業並みの所得を実現することを目的としてきました。

しかし、日本農業は、二十世紀末にデフレ経済に突入したことを契機に、農産物価格の下落と原油等の資源価格の高騰によって、「儲からない産業」となり、そうした中で規模拡大を図ることは、需要に比べ供給量を増やすことになり、さらなる農産物価格の下落を招きかねないのです。このことに加え、前もって売り先を確保できていなければ売れ残りを抱えるという、売上げ減少のリスクを高めることになります。

このように考えると、デフレ経済下では規模拡大は必ずしも合理的な選択肢とはいえません。こうした食と農をめぐる危機的状況のもとでアメリカ主導のＴＰＰを締結することは、しっかりとした経営のセーフティネットを用意しなければ、農家の経営破綻につながることになるのです。

たとえば、北海道の稲作地帯では、二十世紀の終わりから二十一世紀の初めにかけて、農地のリース方式ではなく購入の形で規模拡大が強力に推し進められました。そしてコメの大幅なコストダウンと数量拡大によって、所得向上を目指したのです。

しかし、デフレ経済のもとでコメの価格は下落を続け、消費量の減少が加速しました。

さらに減反政策の強化によって、多くの大規模稲作農家は、売上げの減少と金利の支払い増加によって赤字に陥り、経営破綻のおそれが強まりました。このため政府は、低利資金への借り換えや償還期間の延長等の対策の構築に追い込まれたのです。需要が縮小し価格が下落する中で、どこまでならいくらで売れるのか、その市場調査を十分に行わずに規模拡大を行ったためです。こうした事例は、過去に酪農や畜産でも見られたことです。

日本の農業が目指すべき姿

日本の地理的特質、そして最近の農山漁村を取り巻く環境を考えると、消費者ニーズを反映させる6次産業化によってコストの削減と高付加価値を実現する道こそ、日本の農業の目指すべき姿なのではないでしょうか。それと同時に、経営上のリスクを分散させる新たな「兼業スタイル」のあり方が求められます。それが、「エネルギー兼業農家」なのです。

それは、環境と安心という社会的価値を中心にすえる経営のあり方です。

東日本大震災、福島第一原発事故による放射性物質の大量放出は、国民の食に対する安全意識を高めました。さらに遺伝子組み換え作物や農薬に関するリスクにも敏感になっています。このことから、肥料・農薬等の化学物質の投与を減少させる「環境に優しい農業」が求められるようになってきています。

農薬や化学肥料を減らす農業は、必然的に小規模にならざるを得ません。しかし、小規模農業では、農業だけで生きていくことは大変です。そこで前述したように、兼業が必然になりますが、その兼業が、環境に優しい再生可能エネルギー発電をし、これを売電するということになります。

化石燃料からできる農薬や化学肥料を減らす環境保全型の農業を営みつつ、同時に化石燃料や原発に代わる自然エネルギーを生産することによって、地球温暖化防止への活動につながっていきます。つまり、エネルギー兼業農家は、食の分野では有機農業の安定供給体制の確立をもたらし、エネルギー分野においては安全で地球温暖化にも対応する再生可能エネルギーの導入を促進することになるのです。

自律的なエネルギー兼業農家へ

さらに重要なのは、エネルギー兼業農家が与える社会システムに対するインパクトです。

エネルギー兼業農家のスタイルは、これまでのような外部から誘致した産業に雇用されるスタイルの兼業（いわば「他律的兼業」）ではありません。「他律」的な兼業の典型は、外部から誘致した工場に就労するスタイルです。外部からの工場誘致は、法人住民税、固定資産税、地元従業員の住民税といった税収が期待され、従業員の雇用の場と所得の確保によって地域への経済的な波及効果がそれなりに期待されます。

しかし、工場における売上げ・利益は本社に帰属するものであり、その利益をどのように使うかは地域に立地する工場ではなく、本社が決定することになります。そのことに加え、そもそも経営方針は、大都市にある本社が決定するので、経営環境が悪化すれば、ものづくりの現場自体の収益性が高く、技術水準が優れていたとしても、海外を含め低賃金労働者のいるところへ工場を移転することにもなりかねません。

それに対して、エネルギー兼業農家は、地域の自然資源を保有したり使用したりしています。彼らは、地域のほかの中小企業者や住民などと一緒になって、自ら投資し、自ら地域の資源をどう使い、どのような再生可能エネルギーを生産するかを決定します。それは、まさに地域に主体性をもって関《かか》わり、地域住民とともに自らが参加し、地域の将来を決定することにほかなりません。そのことによって、社会的価値の実現の先頭に立つことができ、農家が活《い》き活《い》きと活躍できる「自律」的兼業になれるのです。

これが、地域分散型社会における新しい経営モデルとなる「エネルギー兼業農家」の意味するところなのです。

第二章　新しい兼業スタイルへ

日本の兼業農家の歴史的背景

前章まで、大規模・専業化が「望ましい農家経営モデル」であり、兼業は悪く専業は良いとする社会通念を疑ってみることから始めました。本章では、さらに日本では兼業農家がなぜ一般的だったのか、その背景についてもう少し掘り下げてみましょう。

前にも述べたように、江戸時代において、当時の農民は、「農耕」のみでなく、「農外の稼ぎ」との二つの仕事を結合させて一家の生業を成り立たせていたといわれ、農業から得られた稼ぎの比率は40％台であるという推計もありましたから、現代の表現では、「兼業農家」が一般的だったといえるでしょう。

農業労働の季節性

日本では兼業農家がなぜ一般的だったのでしょうか。農業における専業（専業農家）と

図4　コメ作りの年間スケジュール

兼業（兼業農家）とを検討してみましょう。

農業は、たとえばコメであれば、春には田おこし・代かきを行う一方、種もみを苗代にまいて苗を育て、その苗を水田に移植（田植え）し、除草や追肥を行い、秋には実った稲を刈り取り、これを乾燥させて、脱穀・もみすりを行うといった作業から成り立っています（図4）。このように農作物の肥培管理の作業は、季節ごとに特有のものであり、それぞれの作業の合間には間作を行ったり、また、コメの収穫後には麦を栽培する等の二毛作に取り組んだり、さらには一連の作業の終了した農閑期には、農外に「稼ぎ」に出ることもあったのです。

勤勉な農業者からすれば、自分の労働からの所得を最大にするためには年間を通じて就業できるようにすることが合理的です。一方で、農業は自然条件によって収穫量が左右される等のリスクがあることから、リスクを分散するためには、耕作する農地を一カ所に集中して保有するよりも、分散して保有（分散錯圃《さくほ》）した方が合理的です。また、作付けする作物についても、間作や二毛作等により、リスク分散した方が適当でしょう。また、年間を通じた就業を確保するためには、コメを生産する一方で、家畜を飼ってこれを市場に売っていくなどの「複合化」や、コメを作って出荷するだけではなく、たとえばもちの生産（加工）、消費者への販売といった「多角化」を行うことが考えられます。これらのほかに、非農業部門への就業といった「農業＋α」型の兼業がありました。

この「農業＋α」型の兼業は、歴史的にいろいろな形態をとってきました。

江戸時代には、自らも耕作する「大規模」な農地を持った地主（豪農）のような、イノベーションを牽引《けんいん》する主体が生まれてくると、農業の発展だけでなく、農村をはじめとする地域において、農産加工品、醸造品等さまざまな加工業、運輸業、金融業等が発展するようになり、これに伴う家内制手工業への就業機会が生み出されるようになりました。また、農閑期には、酒づくりにおける杜氏《とうじ》のような地域外への就業の形態もありました。

このように見てくると、兼業農家が増えたから農業が衰退したという「理屈」は説得力がありません。今日の日本農業の憂うべき特徴は、第二種兼業農家のように農家所得において農外所得の方が大きくなったり、農業との兼業ができなくなったり、さらに担い手が高齢化してどんどん減少していったりという点にあるのです。それは高度成長期以降に徐々に形成されてきたものなのです。

兼業スタイルの変化

高度成長期には道路、橋梁《きょうりょう》、鉄道、港湾等の社会的インフラの整備を通じて就業機会が発生し、また、農山漁村地域での安定的な雇用機会を確保する観点から、工場誘致が積極的に行われました。その結果、北海道のような人口密度の低い地域では札幌等の大都市以外には兼業機会が少なかったのですが、都府県においては自宅から通勤することが可能な兼業形態が一般化しました。

問題は、そこにある就業機会は、地域外から誘致した企業の工場であり、その工場から生まれた利益の大部分は本社のある都市へ流出してしまう点にあります。また、工場が立地する地域の事情とは関係なく、本社の意向によって工場閉鎖が行われることもあります。

その地域の農家にとっては「他律」的な兼業といえるでしょう。

その「他律」的な兼業の弱点は、一九八五年のプラザ合意以降の円高不況に始まり、経済のグローバル化等を契機とする工場閉鎖によって顕在化しました。ただでさえ少子化が進むのに、就業機会がなければ、若者は地域外に出て行かざるを得ません。農業の担い手が一層高齢化してしまうのは当然です。

高度成長期以降に形成されてきた「他律」的な兼業が行き詰まったとすれば、兼業農家はどのようにすればいいのでしょうか。まさに、ここに「エネルギー兼業農家」の意味があります。前章で述べた6次産業化（農産物を消費者に直接販売したり、直売所で販売したりすることや、コメを生産するだけでなく、弁当にする等加工に取り組むこと）を進め、農山漁村地域の資源（バイオマス、地熱、太陽光・熱、風力、小水力）からつくられる再生可能エネルギー事業に取り組む「エネルギー兼業」は、地域にある資源、技術、人材等を活用する内発的な経済発展を可能にします。そして農業者を含む地域住民が農山漁村地域において主体的に選択した事業部門に就労しているという意味で、農業者から見れば「自律」的な兼業といえるのです。

単品大量生産方式の大規模専業農家は正しいか

たしかに、大規模専業農家は低コスト生産を実現するためには合理的な手法の一つです。兼業農家は専業農家に比べ、規模が零細な場合が多いことからすると、大規模専業農家の方が望ましいとの考えにはもっともらしい面があります。しかし、前にも述べましたが、大規模専業農家は、食の安全・安心や環境という視点からは、必ずしも望ましいとはいえない場合があります。

たとえば、アメリカ農業の典型的な形態は、大規模面積で効率的に生産するため、遺伝子組み換えの種子を使い、病害虫防除のために農薬を大量に散布して労働を節約するもので、それでも足りない労働力は安価な不法移民労働者を活用し、安価な農産物を生産しています。そのうえ、これを国からの補助金（実質的な輸出補助金）によって、さらに国際的に極めて安価な水準まで引き下げて、海外に輸出して途上国農業に打撃を与えている面があります。

にもかかわらず、大規模・効率化路線は、これまでの日本の農業政策においてもとられてきました。一九六一年に制定された農業基本法では、「自立経営」が目指すべき経営モデルとして位置づけられました。そして農業基本法を廃止して一九九九年に制定された食料・農業・農村基本法においても、「効率的かつ安定的な農業経営」が政策の目指す経営モデルとして位置づけられています。

「自立経営」とは、「正常な構成の家族のうちの農業従事者が正常な能率を発揮しながらほぼ完全に就業することができる規模の家族農業経営で、当該農業従事者が他産業従事者と均衡する生活を営むことができるような所得を確保することが可能なもの」（農業基本法第一五条）とされています。そして「効率的かつ安定的な農業経営」とは、「主たる従事者の年間労働時間が他産業並の水準で、主たる従事者一人当たりの生涯所得が他産業従事者と遜色《そんしょく》ない水準の経営」（食料・農業・農村基本政策研究会編著『食料・農業・農村基本法解説』〈大成出版会〉）とされています。いずれの経営モデルも、農業以外の産業と所得水準が均衡することを目標としていますが、これらの経営モデルは、現実にある経営体から抽出されたものというよりも、いわば机上の産物といえるでしょう。

農家の経営規模の推移

それに対して現実の経営はどうであったのでしょうか。

江戸時代に成立した「小農制」は、一ヘクタール程度の農地を家族労働力を完全燃焼することによって営まれていたといわれています。機械化の進んでいない状況では一ヘクタールは最適な規模であったのでしょう。そして、農外の稼ぎと合わせて、生活水準の維持を図っていたのです。こうした農家の経営規模は、実は明治維新以降においても維持されていました。すなわち、土地所有構造で見ると、昭和の初め頃には農地の五割近くが小作地となり、地主制への変化はあったのですが、農家の平均的な経営規模はおおむね一ヘクタール程度のままだったのです。そして、戦後の農地改革によって、地主の農地を国が強制的に買収し、それを小作人に売り渡したので、全国に平均規模一ヘクタールの自作農が誕生したのでした。

このように日本の農家は、長い間、一ヘクタール程度の規模で安定的に推移していたのです。そうした日本の農村の状況は、戦後の復興過程を経て一九五〇年代に入ると大きく変化しました。日本経済が「もはや戦後ではない」といわれ、高度成長路線を進んでいくようになると、非農業部門に膨大な労働需要が生まれ始めたのです。非農業部門の賃金水準が農業に従事しているよりも高くなっていったので、農村から都市へ「雪崩を打つ」ように、人口の「地滑り的」移動が起こりました。具体的には中学を卒業した若者が「金の卵」として次から次へと都市へと出て行ったのです。『農村は変わる』（岩波新書）を著した農政研究者の並木正吉氏は、二〇〇五年に刊行された『農政研究の軌跡』（食料・農業政策研究センター）の中で、高度成長によって、農業の後継者が非農業分野に就職して農業就業人口が減少すれば、三〇年ぐらいのタイムラグを経て農家戸数が減少すると想定していた、と証言しています。仮に跡継ぎがいなくなっても、離農する農家の農地は農業を続けている農家に売り渡すことになるだろうから、残った農家の規模拡大が図られ、その結果、収益性の高い農家が誕生し、都市勤労者並みの所得水準が実現するに違いないと考えていたのでした。

農業の工業化

農業基本法の政策目標は、農業の物的労働生産性の向上によって製造業との格差を是正することでした。そのため農業を工業と同じような性格を持つものと考え、市場効率性に基づいて農業部門に対する資源配分のパフォーマンスを評価するものでした。その背景にある思想・理念は、「農業の工業化」です。それとともに、その際に比較された「工業化」が、日本の製造業が目指していた「多品種生産でも生産性・品質を向上させる日本型の生産システム」ではなく、アメリカのフォードが採用していた「単品大量生産方式」だったのです。そして、工業分野の「単品大量生産方式」を農業部門に翻訳したものが「単作化と化学肥料・農薬の多投を通じた大規模化」であり、それによって労働生産性向上を目指すものであったのです。

この点は、東京大学大学院経済学研究科教授でものづくり経営研究センター長である藤本隆宏氏の指摘（『ものづくりからの復活』〈日本経済新聞出版社〉）によるものです。藤本氏によると、「戦後日本の優良製造業が、製品需要の多様化を背景に、フォード型の極端な単品大量生産方式と決別し、多品種生産でも生産性・品質を向上させる日本型の生産システム（たとえばトヨタ生産方式）に進化させた」としています。それにもかかわらず「『基本法』はなお、アメリカ式単品大量生産方式の農業版とも言える『単作による規模拡大』を信奉していた」結果、「多角化による『複合経営』は否定され、多くの農家はコメの単作に走った」と述べています。藤本氏は、全国の農業現場で成長著しい農業生産法人（取締役の過半は農業に従事し、その過半が農作業に従事することとされ、出資者のうち非農業サイドの出資割合が四分の一以下とされる等の要件を満たした場合に農地の所有が認められる法人）として、熊本県の松本農園、山梨県のサラダボウルといった野菜を中心とした経営体を紹介していますが、「今成長している農業生産法人の事例を見れば、稲作主体であれ畑作主体であれ、多品種の複合経営が主流である」と指摘しており、前に述べた6次産業化に原初的に取り組んでいることがわかります。

いずれにしても、日本農業にとっての顧客である消費者からすれば、日本農業に対して、単作で農薬を多投する規模拡大農業を期待していたとは到底思えません。

大規模化ができなかった理由

日本では、長く政策的に追求されてきたにもかかわらず、大規模農業経営は生まれてきませんでした。日本農業の基幹作物であるコメづくりで見ると、農村部における農業従事者の減少は農業の賃金水準を上昇させることになったので、それまで高価であった農業用機械を導入する契機となりました。

また、高度成長期には、全国的な国土開発計画の実行によって、道路をはじめインフラが整備され、都市に比べ低賃金であった農村部にさまざまな産業が立地することになったのです。その結果、農家からすれば、賃金の上昇によって高価な農業機械を購入することが可能となり、農業への労働時間を節約して在宅のまま兼業部門に就労することは、総所得を最大化する合理的な選択となったのでした。

高度成長期以前は、農地は農産物を生産するための手段と考えられており、その地価の水準は、農地への需要と供給によって形成されてきたのですが、基本的には農産物価格水準を長期国債の利子率で割った「農業収益還元地価」の水準に規定されると考えられてきました。

しかし、高度成長期には、非農業部門からの土地需要（道路、港湾、大規模工業団地等）によって決定される地価水準に農地価格が引っ張られるようになってきたのです。その結果、農家は農地を農業の生産手段として所有するのではなく、将来の地価上昇が期待される資産として保有する傾向が生まれてきました。こうした資産保有意識のまん延は、農業をやるかどうかとは関係なく、また、自宅からの通勤による兼業が可能となることによって、とりあえず農地を手放さないで手元に置いておくという状況が生まれたのです。

以上の結果、農政当局者が想定したようには、農家の離農も規模拡大も進まなくなってしまいました。通勤兼業機会が乏しく、離農することは直ちに離村を意味した北海道では、一九六〇年から二〇一〇年の五〇年間で経営規模は六倍（三・五四ヘクタールから二一・四八ヘクタールへ）となったのですが、通勤兼業機会に恵まれていた都府県では、同期間に一・八倍（〇・七七ヘクタールから一・四二ヘクタールへ）の拡大にとどまっています。

農地転用を規制し、所有権等の権利移動を許可制の対象とする農地法が、日本の農業の規模拡大を制約しているとの主張がありますが、北海道と都府県の農業規模の拡大の相違からすると、規模拡大を停滞させた主たる要因は、農地法というより、通勤兼業機会の有無にあったと考えるべきでしょう。

ある程度の集積は必要

しかし、だからといって規模拡大をしなくてもいいというわけではありません。現在の日本の経営規模は平均で二ヘクタール程度とあまりにも零細に過ぎるのは事実です。アメリカやオーストラリアといった国々と「規模」で競争するのは非現実的だとしても、少なくとも今後の少子高齢化を考えると、担い手に農地を集積しないと、農地の荒廃が進んでしまいます。実際、コメを例にとると、前述したように、生産コストは一五ヘクタール前後で最少となるので、その程度までの規模拡大が望ましいとの意見もあります。

いずれにしても、過疎と高齢化の進んだ現在の農村部において規模拡大を図るとすれば、農業部門における投下労働量を減らすことが必須だとしても、それは離村という形ではないはずです。むしろ地域内において農業以外の他産業・事業への就労を促進することを通じて、雇用と所得を確保する定住対策を併せてとる必要があるのです。

プロダクト・アウトからマーケット・インへ

これまで見てきたように、歴史的に見ても、日本では兼業農家が一般的でしたので、兼業農家が増えたから農業が衰退したというのは無理のある「理屈」です。とはいえ、この二〇年ほどで農業の現状は危機的になったことは確かです。農家所得において農外所得の方が多い第二種兼業農家が圧倒的多数になる一方で、農業の担い手が高齢化してどんどん減少しているからです。では、兼業をベースにしながら、どのようにすれば、日本農業を再生できるのでしょうか。そのことを考えるには、農業をめぐる基本的な環境変化をおさえておかねばなりません。

日本は、戦後の復興過程から高度成長を通じて、世界第二位の経済大国となりました。農業も需要の拡大が見られる中で、作れば売れる状況でした。いわゆる「プロダクト・アウト」の時代です。

しかし、高度成長が終了した一九八五年のプラザ合意後に、急速な円高不況に見舞われ、これによって国産農産物の国際価格は一気に倍になりました。同時に、為替取引の自由化と国内の資金余剰が一因となって資産（土地・株式）バブルが発生しました。

九〇年代初めのバブル経済崩壊の結果、金融機関は巨額の不良債権を抱えたこともあって、「貸し渋り」「貸しはがし」を行いました。一九九五年には生産年齢人口がピークアウトし、その後労働者派遣法改正をはじめとする雇用流動化政策がとられ、正規雇用から非正規雇用への転換が進み、勤労者に支払われる賃金の総額は低下していきました。

こうした事態があいまって、日本経済は、先進国の中で、唯一のデフレ状態に突入したのです。また、輸出産業の国際競争力は、急速な円高等によって著しい低下を見せていきました。そして、農家に兼業機会を提供していた工場の海外移転が始まります。

以上の経済の激変に見舞われた日本の食料・農業・農村は、国内需要の縮小と後述する消費流通構造の変化に伴い、農産物・食料の価格下落と売上げの減少という事態に直面し、兼業機会が減る中で農業は「儲からない産業」となってしまいました。

プロダクト・アウト時代の農業は、戦後しばらくの間、供給に比べ需要が上回り、作ればは売れるという状況を背景に成り立っていたといえます。しかし、「儲からない産業」となったということは、単純化していえば、需要に比べ供給が上回る状況になったということです。

また、デフレ経済に突入した一因は、賃金水準の下落傾向が続いていることにあるとされていますが、これは、消費者の購買力が縮小を続けていることを意味しており、これによって需給ギャップが生じている状況になったということです。

このような供給が需要を上回る状況では、消費者・実需者の意向を調査し、その意向に沿って売れるものを作り販売する経営的な姿勢が重要になってきます。これはまさに、マーケット・イン時代の到来を意味します。

消費者・実需者のニーズを把握する

農業面での規制緩和が進み、市場メカニズムがより機能するようになると、農産物価格の変動が大きくなります。その一方で、原油価格の上昇によって農業部門の収益性が悪化します。空腹から満腹への「消費の飽和化」、「内食」（素材を購入して家庭で調理した料理を消費）から「中食」（調理品を購入して家庭等で消費）・「外食」（レストラン等で料理を消費）という消費形態の変化、すなわち「食の外部化」に伴い、消費者ニーズが変化しています。こうした消費流通構造の変化に供給サイド、特に農業部門が十分に対応しきれていないことも一因となって、農業は「儲からない産業」になったといえるでしょう。

こうしたデフレ経済下、農産物価格の低下が見込まれる状況においては、単純に規模拡大によってコストダウンを図り、利益を確保するという戦略をとれば、売れる目途もなく「規模拡大」を行うことになり、その結果売れない商品の山を抱え、経営破綻への道をたどることになります。したがって、このような状況では一般的にいって規模拡大が停滞するのは当然のことでしょう。

そこでとるべき戦略は、消費者・実需者のニーズがどのようなものであるかを迅速に把握し、どのような商品であれば売れるのかをリサーチすることです。そして素材である農産物を加工する必要があるとすれば、農家自身が加工を行うのか、それとも加工分野の専門事業者と連携するのかを検討します。また、その商品がどのくらいの価格であれば、どのくらいのロットを販売することが可能であるか、そして販売分野の専門業者と連携するのか、自分で販売するのかといったことを総合的に考慮して、きちんとした経営戦略を構築していくことが求められているといえるでしょう。

このように、プロダクト・アウト時代からマーケット・イン時代へと環境が変化することで、農業経営のあり方は大きく変わってきます。

これには個別農家だけでは対応できない面もあるので、地域全体を巻き込む努力も必要です。

求められる品質と価格の安定性

そもそも市場との関係では、「ロット」「品質」「価格」が重要な要素とされます。もちろん個別の農業経営者が規模拡大を通じて求められる要素を実現することも可能でしょう。また、消費者との産直やインターネット販売のような顔の見える取引が拡大しつつある一方で、食の外部化を反映して、「業務用」「加工用」のウエイトが急速に増大し、これまでの卸売市場における「セリ取引」に代わり、スーパーマーケット、コンビニエンスストアのような量販店や外食産業との長期安定取引の拡大が見込まれています。こうした取引では、従来の取引と比べ、「大ロット」「均一な品質」「安定価格」が強く求められていくことになります。こうなると、中山間地域の農地が全体の四割も占める不利な土地条件下にある日本の現状を踏まえると、個別経営の規模拡大で対応していくには限界があるといえます。点として存在する個々の経営体がそれぞれに対応するのではなく、たとえば「産地」といった広がりを持った地域を単位として、農業者だけでなく、地域の中小企業者や商店主との連携によって、一つの商品の企画・生産・加工・販売を一貫して行うビジネス体を形成する動きも増えてくるだろうと考えられます。

いずれにしても、そうしたことを調整していく機能を果たす主体（コーディネーター）は、地域の農業者、事業者、農協や生協のような協同組合、さらにいえば、産地の生産者との結びつきの強い販売業者や食品メーカー等が想定されます。

「集中・メインフレーム型」から「地域分散・ネットワーク型」へ

プロダクト・アウト型経営モデルからマーケット・イン型経営モデルへ、そして農山漁村地域における6次産業化経営モデルへの転換は、二十世紀から二十一世紀にかけて起きている経済社会システムの大きな変化に強く促されている側面があります。

二十世紀は、重化学工業や原子力発電事業・大規模火力発電事業に代表されるように、大規模化による効率化とコスト削減を通じて大量生産・大量流通・大量販売をもたらし、これを通じて経済成長を実現する、「集中・メインフレーム型」の経済システムでした。

こうした大規模・効率化路線は、前述の通り農業政策においても取り組まれてきたのですが、その意味するものは、プロダクト・アウト型経営モデルを前提に農産物のコモディティ（大量生産する商品）化を目指すことにほかなりませんでした。しかし、これはデフレ経済下で、薄利多売・安売り合戦に追い込まれることになったのです。とりわけ農業が「儲からない産業」となった現状では、こうした経営モデルでは農業の担い手は生きてはいけなくなるのです。

それに対して、スパコンと情報通信技術（ＩＣＴ）の発達によって、個々の生産者が分散していてもネットワークとして結び付けば、消費者・実需者のニーズの変化を瞬時に把握し、共有することが可能となり、適時・適質・適量の供給が可能となります。このようなイノベーションがこれまでの経済システムを「地域分散・ネットワーク型」に変えていくことが期待されます。これが二十一世紀に入って世界が進んでいる方向なのです。

スーパーマーケットを例にとって考えてみましょう。価格を引き下げ、大量に販売する「集中・メインフレーム型」システムの典型例です。このシステムでは、人口が増加し、経済成長が見込まれると売れ残りの心配をしなくてすみます。しかし、人口減少・デフレ経済のもとでは大規模化路線では行き詰まりが見えてきたので、今や小型店舗展開によって生き残りを図っています。

一方、スーパーに比べ小規模であるコンビニは、一つひとつの店舗がバーコードを使って顧客ニーズを素早く掌握できるＰＯＳシステム（販売時点情報管理）でネットワークされていることから、ニーズにかなった商品を必要かつ十分にそろえることができるので、商品の欠品が起こることも少なく、また、売れ残りを避けるための安売りを行う必要もあまりありません。

農業における「地域分散・ネットワーク型」の萌芽《ほうが》

実は農村部でも、一つひとつは小さいですが、「地域分散・ネットワーク型」への転換は起きています。全国で一万数千カ所存在する直売所がそうです。

直売所では、近所の農家がそれぞれバーコードを持っており、もし直売所に出した野菜が早く売り切れれば、出荷した農家に連絡がいき、近場から新鮮な野菜を補うことができます。つまり在庫管理が不要です。さらに売上げは、出荷した農家ごとにＪＡ系バンクで決済できるため、会計管理も楽です。こうした直売所が全国でネットワークを組めば、より広い品揃《しなぞろ》えも可能になっていくでしょう。

次に個々の農家の立場から考えてみましょう。

デフレ経済下で「儲からない産業」となった農業を再生するためには、何よりどの農家でも努力すれば生きていける経営モデルを提示することが求められています。そうすることで初めて、やる気のある担い手が農業に参入し、経営を展開することができるようになります。これまで、地域資源を効率的に高付加価値化するための一つの手法として農山漁村地域における６次産業化を提示してきました。この６次産業化で、たしかに加工や流通やサービス等の事業で雇用を創り出すことは可能ですが、それには限界があります。そこで、個々の農家がもっと広く参加できる「兼業」の形が必要になります。

「集中・メインフレーム型」から「地域分散・ネットワーク型」への転換については、スパコンとＩＣＴによって、小規模分散でも安定・効率化を図ることができるようになりました。農山漁村地域に大量に賦存する太陽光・熱、風力、小水力、地熱、バイオマスといった再生可能エネルギーは不安定で効率的ではないといわれますが、ＩＣＴの進展によって、むしろ効率的で安定的なシステムになりつつあります。

また、再生可能エネルギー等で発電した電気を蓄電し、双方向的な送配電網でつないでいくスマートグリッド（ＩＣＴを活用した次世代送電網）ができてくると、どこで電力が余り、どこで足りないかがすぐにわかり、調整することができるようになるし、どこにどのような種類の発電能力がどれだけあるか、コストはいくらかもわかるようになります。さらに日照や風向き等がデータとして組み込まれれば、それぞれの地域の発電量を予測することも技術的に可能になってきているのです。

二〇一二年七月に施行された固定価格買取制度によって、再生可能エネルギーの売電収入が農村に環流するようになります。これまで外部に流出していた電気代は、逆に売電収入として地域に入ってくるようになります。

そして、その利益が地域内を循環し、新しい起業による雇用と所得の創出が図られ、地域全体の底上げを図っていくことができるのです。

「生きていけるモデル」としてのエネルギー兼業

日本全体のことを考えてみましょう。

再生可能エネルギーへの転換は、それ自体が経営や技術の革新をもたらし、世界金融危機以降の長期停滞の脱出口の一つとなりうるのですが、そのことに加え、東日本大震災と福島第一原発事故を踏まえれば、脱原発に向けたエネルギー転換にとって必要不可欠な選択肢です。エネルギー兼業農家は、それを一気に進める役割を果たしうるのです。それは、これまでの「集中・メインフレーム型」システムから「地域分散・ネットワーク型」システムへの転換を促すことになり、社会全体に最も波及的なイノベーションをもたらしていくことが期待できます。

再生可能エネルギーへの転換を実現する主体としては、日本においては、先に述べたように、メガソーラーを中心とする大企業によって担われているのが現状です。これでは、形を変えた「集中・メインフレーム型」システムにほかなりません。「地域分散・ネットットワーク型」システムへの転換を促進するためには、農山漁村の地域資源を管理・保全している農業者自身が、農業に従事するとともに、再生可能エネルギー事業等に取り組んでいくことが重要です。それが、これからの時代の新しい兼業スタイルであり、エネルギー兼業農家の経営モデルです。農業という産業は、自然条件による影響やデフレ経済下の市場環境における不確実性がある一方で、再生可能エネルギー発電に関する固定価格買取制度の導入によって、経営の安定化を図ることができるようになるのです。これこそ、まさに「生きていけるモデル」といえるでしょう。

第三章　日本の再生可能エネルギーと農村・農業

第二次安倍政権と原発依存への回帰

二〇一一年三月一一日の東日本大震災と福島第一原発事故を契機にして、日本でも不十分ながら原子力を中心としたエネルギー政策に、見直しの動きが出てきました。当時の菅《かん》直人《なおと》首相は、同年六月に「革新的エネルギー・環境戦略」の策定を目的としてエネルギー・環境会議を設置しました。

菅首相は再生可能エネルギー特別措置法（固定価格買取制度の導入）の国会成立を条件に首相辞任したのですが、菅首相の後を継いだ野田佳彦《よしひこ》首相のもとで、二〇一二年六月に将来における「エネルギー・環境に関する選択肢」が国民に提示され、国民的議論を踏まえてあるべきエネルギー構成を選択することとされました。その選択肢としては、原発依存の割合に応じて「ゼロシナリオ（0％）」「15シナリオ（15％）」「20～25シナリオ（20～25％）」の三つのシナリオがありました。同年の七月から討論型世論調査等が実施されたところ、国民から最も高い支持を受けたのは、原発依存「ゼロシナリオ」だったのです。

この選択肢を基本として「二〇三〇年代に原発稼働ゼロ」を柱にしたエネルギー戦略が策定されました。

ところが、民主党政権は二〇一二年一二月の衆議院議員総選挙に大敗し、自民党へ再び政権が交代しました。この総選挙で自民党は、当時の総合政策集の中で「原子力に依存しなくてもよい経済・社会構造の確立を目指します」としながらも、「原子力規制委員会による専門的判断」を「優先」して、「原子力発電所の再稼働の可否については、順次判断し、すべての原発について三年以内の結論を目指します」としていました。

しかし、新たに誕生した第二次安倍政権は、ずるずると原発再稼働へと傾斜していきます。そういう中で、安倍首相は、前政権のエネルギー・環境戦略をゼロベースで見直し、エネルギーの安定供給、エネルギーコスト低減の観点も含め、責任あるエネルギー政策を構築する視点から、エネルギー基本計画の第三次改定を行ったのです。

二〇一四年四月に第三次改定されたエネルギー基本計画では、前政権が採択した脱原発からの転換の趣旨を明らかにするために、原発を「重要なベースロード電源」と位置づけ、原発頼みのエネルギー政策へ舵《かじ》を切り直しました。

これは、民主党政権下で行われた討論型世論調査等の手続きを経て「二〇三〇年代原発稼働ゼロ」を選択した国民の意思を無視したことを意味するものです。このことに加え、当時のエネルギー基本計画の素案に対するパブリックコメントにおいても、実は「脱原発」の意見が九割を超えていた（「朝日新聞」二〇一四年五月二五日）のですが、それにもかかわらず国民の意見を何ら反映しないままで策定したものといえます。以上から明らかなように、この基本計画は、内容面の問題のほかに、民意の動向を全く無視しており、手続きに大きな欠陥があるといえるでしょう。

しかも、東京電力の救済を優先して、安上がりな事故対策が実施されているために、事故収拾がかえって困難になっています。そうした事態にあるにもかかわらず、原発再稼働を進める状況が続いています。実際、核燃料が溶け落ちた場所も形状も正確にはわからず、地下汚染水の流出に見られるように、福島第一原発事故は収拾の目途さえ立っていません。

また福島は史上最悪の環境汚染問題に直面していますが、セシウムを回収するリサイクル施設の建設については実証実験にとどまり、およそ二〇〇〇～三五〇〇万トンともいわれる汚染土を運び込む中間貯蔵施設は、膨大な台数の一〇トントラックが必要となる非現実的な案にもかかわらず、「実施」されようとしています。

再生可能エネルギーの消極的な目標

新しいエネルギー基本計画では、原発依存を前提としたうえで将来的にエネルギー構成をどうしていくかを示すことができていません。このため、気候変動の危機的状況が深化しつつあることを踏まえ、化石燃料依存の社会からの転換が重要であることを示せなくなっています。すなわち、二〇二〇年には発電のうちの再生可能エネルギーの割合を13・5%、二〇三〇年に約二割という過去の目標値を参考として示し、これを上回ることを目指すという表現を、脚注で示しています。これでは、あまりにも消極的な目標といわざるを得ません。

戦略的に再生可能エネルギーを推進する国々

気候変動の危機的状況に対応するために、先進国には大幅な温室効果ガスの排出削減が求められています。このため、欧州委員会は二〇三〇年におけるEU全体でのエネルギー消費に占める再生可能エネルギーの割合を最低でも27%にし、電力については最低でも45%を目指すという積極的な目標を設定しています。

「21世紀のための再生可能エネルギー政策ネットワーク」（REN21）によると、二〇一三年末の世界の再生可能エネルギーによる発電設備の容量は、前年比約17%増の5億6000万キロワットになり、二〇一三年の世界の太陽光発電が約1億キロワットから1億3800万キロワットに、風力発電は2億8300万キロワットから3億1800万キロワットに増加したとされています。また、固定価格買取制度の効果が表れ、日本の太陽光発電も容量が一年間で690万キロワット増えて1360万キロワットに達し、二倍以上になり、世界五位から四位に浮上したとされています。

アメリカも戦略的には、再生可能エネルギーと省エネを推進していることに注目する必要があります。オバマ大統領の一般教書演説に基づいて、二〇二五年までに国防総省全体で3ギガワット相当の再生可能エネルギーを、陸軍、海軍、空軍の施設に配備するという目標を設定しています。現実にネットゼロ（施設内で使用するエネルギーを自給自足すること）を標榜《ひょうぼう》した陸軍基地がどんどんできており、海軍も二〇二〇年までに非化石燃料の比率を50％まで引き上げる目標を掲げ、取り組みを進めています。初期に軍隊がＩＴ革命を担ったのと同じパターンです。

こうした動きを反映して、再生可能エネルギー発電のコストは大幅に低下しています。アメリカ・エネルギー省は太陽光発電のコストが1キロワット時当たり約一一円まで下がったと発表しています。ちなみに、二〇一一年一二月に公表された日本政府のコスト等検証委員会の報告書によれば、日本の石炭火力が約九・五円キロワット時で、ＬＮＧガス発電は約一〇・七円キロワット時ですので、日本のガス発電並みまで下がってきたということです。日本でも、福島第一原発事故の悲惨な体験を経て、エネルギーの効率化のための省エネと再生可能エネルギー発電の導入が加速されてきています。こうした状況を直視すると、基本計画で何を明らかにすべきかといえば、原発に依存しない社会の実現を明確に掲げることであることは論を俟《ま》たないところでしょう。また、それを目指すエネルギー政策転換の方針を掲げれば、多くの地域・企業で既に始まっているエネルギー転換の取り組みがさらに推進されることは確実であり、これによって安全で豊かな日本の実現が期待できるはずです。

再生可能エネルギー発電の現状

二〇一二年七月に施行された再生可能エネルギー特別措置法に基づく固定価格買取制度では、その対象エネルギー源を、太陽光、風力、中小水力、バイオマス、地熱の五種類としています。買取価格は、エネルギー源別及び規模別に設定されています。

たとえば太陽光では、住宅用（10キロワット時未満）の場合、導入初年度の二〇一二年度は四二円キロワット時（税込）、二〇一三年度三八円キロワット時（税込）、二〇一四年度三七円キロワット時（税込）へと引き下げられることになっており、その買取期間は各一〇年間とされています。また、非住宅用（10キロワット時以上）の場合は、四〇円キロワット時（税込）、三六円キロワット時（税込）、三二円キロワット時（税込）へと引き下げられ、その買取期間は各二〇年間とされています。太陽光発電におけるこのような買取価格と買取期間の設定は、大規模システムによる発電の方が小規模システムに比べ利益を増大させることから、大規模システム導入を促進する方向に力が働いているといえます。

しかし、一つひとつが小さな太陽光発電でも、ネットワーク化されれば、いずれ大規模な発電施設となりえます。

こうした条件下にあることもあって、二〇一四年三月時点で、二〇一二年七月の固定価格買取制度実施後に導入された895万キロワットの設備のうち、メガソーラー等の非住宅用の太陽光発電が72％（644万キロワット）を占め、住宅用の太陽光発電と合わせると導入設備の97％（872万キロワット）が太陽光発電となっています。また、経済産業大臣から設備導入の認定を受けているものの現時点で未導入のものが5969万キロワットもあり、そのうち太陽光発電は5701万キロワットと96％を占めていますから、今後とも太陽光発電を中心に再生可能エネルギーの導入が進んでいくことが見込まれています。

このような太陽光発電の突出を改め、再生可能エネルギー源のバランスを回復する必要があります。そうしたバランスのとれた導入を促進するためには、規模による発電コストが異なるものは調達価格を規模別に設定したり、使用する燃料の種別やコストが大きく影響するバイオマス発電については、規模や燃料種別に調達価格を分類したりする等、きめ細かい対応が必要となります。

また、大規模な太陽光発電が突出している要因としては、固定価格買取制度上の問題のほかに、金融面の有利性も関係しています。すなわち、これまで大規模な太陽光発電事業の多くは大企業によるコーポレート・ファイナンスによる資金調達と見られ、信用力の高い企業にとっては、日銀の金融緩和政策の継続による低金利状態が続き、安定した資金調達環境が続いていることが有利な条件をもたらしていると考えられます。もちろん、こうした条件は大規模企業にのみ作用しているわけではありません。だからこそ、各地域の金融機関においても、太陽光発電に対する融資制度が整ってきているのでしょう。

しかし、比較的小規模なプロジェクトについては、金融機関による事業リスクの評価が難しい面もあり、事業開発段階での資金やノウハウの支援、信用保証制度の整備等が求められています。また、太陽光発電以外においても、小水力発電、風力発電、バイオマス発電等地域での事業開発段階において社会的合意形成や資金調達面で停滞しているプロジェクトも多く、事業開発の初期段階での必要な資金、ノウハウ、信用の補完といった支援策の整備が課題となっています。

遊休地での立地から林地・荒廃農地への立地圧力

いずれにしても、認定容量の約九割は、1000キロワット以上のいわゆるメガソーラーが占めており、その設備には三億円以上かかるとされているので、多くは大企業が取り組んでいると考えられます。また、その立地には一ヘクタール以上の広さがあって、高圧の電線路に連系できるところが適地とされているので、これまで地方自治体などから提供される遊休地で対応してきたところです。

しかし、そのようなメガソーラーの適地ともいうべき遊休地の活用が一巡してきたとされている状況では、今後、手つかずの新たな適地として里山のような林地か耕作が放棄されている荒廃農地などへの期待が高まっているといわれています。

たとえば、中国等に拠点を置く外資系企業が日本国内の雑種地や山林を買収して、太陽光発電に参入しているケースが相次いでいるといわれています。こうしたケースの中には、太陽光パネルを設置する地元の市町村が知らないままに、大規模な発電所の設備認定が国によってなされてしまい、設置工事を開始する段階で、初めて地元の市町村や地域住民が知ることになり、地元市町村や地元住民との間に紛争が起こっているものがあります。こうした紛争を回避するためには、発電所の設備認定の段階で地元市町村への説明がなされるようにしておくべきなのに、そのような手当がなされていないのです。その意味で固定価格買取制度上の欠陥であるといえるでしょう。太陽光パネルの設置に伴い森林を伐採したり、抜根をしたり、土石を大量に移動したりといった開発行為が行われた場合、森林であった時に果たしていた土砂の流出等を防止する機能が喪失することになりかねないので、地元の自治体や住民からすれば、防災上の措置を適正に行っているかどうかを確認する必要があるのです。

発電施設の原状回復について

また、固定価格買取制度は非住宅用の太陽光発電の場合、二〇年の間決められた価格で電気を買い取る義務を電力会社に課していますが、買取期間が終わる二〇年後に当該施設をどうするかは、少なくとも太陽光発電事業者と地主との間で明確に定めておくべきでしょう。そもそも二〇年という長期間にわたって太陽光パネルの性能が維持できるかどうかは不明ですし、途中で壊れた場合、参入した発電事業者が撤退してしまうと、地域には壊れた太陽光パネルという産業廃棄物が残されることになります。

しかし、負担関係を決めていたとしても、発電事業者も地主も負担能力がない場合も想定されます。その場合には最終的に地元自治体や地域住民の負担となるおそれがあります。そうしたリスクを考えると、固定価格買取制度上得られる利益を配分する方式の中で処理することが適当ではないかと考えられます。すなわち、原状回復についての契約は発電事業者と地主との単なる私的契約ではなく、法的な義務を負うものであることを明確にして、固定価格買取制度による利益の一部を留保する等、原状回復義務の実効性を担保するための措置を講じておくことが必要です。

農地の安易な転用を防ぐ

さらに、農地に対しても、農業用としてのリース料は水田の場合で全国平均一〇アール当たり一万二〇〇〇円程度であるのに対し、大規模太陽光発電用のためのリース料は、従来一五万円程度とされていましたが、最近では二〇〜三〇万円の案件が急速に増え、中には五〇万円を超える場合も出てきているといわれています。このような水準が提示されれば、農地所有者の転用期待が一気に高まることになり、特に広くて平坦な日当たりの良い農地は農業のみならず太陽光発電にも適地であるため、そうした農地を使わせろという声が高まってくるでしょう。現在の取り扱いは、優良農地は食料生産用として使い、「荒廃農地であって再生利用が困難な農地」に限って再生可能エネルギー事業用に認めるというものですが、ヨーロッパ諸国のようなきちんとした土地利用計画制度のない日本の場合には、太陽光等の発電事業者のみならず農地所有者からも、条件の良い農地を使わせろといった声が増してくれば、農地法の規制緩和の圧力が強まってくるのは明らかでしょう。

もちろん、農地であることを放棄することなく再生可能エネルギーで発電する方法もあります。その一つとして、追尾型太陽光発電システム等を作物の間に設置する方法がありますこういう方法は大いに促進すべきでしょう。とはいえ、農地の維持との両立については安易な転用を防ぐことが大事になります。そのためにも、エネルギー兼業農家という農家経営モデルを早急に確立する必要があります。

農山漁村再生可能エネルギー法

再生可能エネルギーの活用は、農山漁村地域の活性化にとって重要な手段であることはいうまでもありません。しかし実際には、大企業を中心とするメガソーラー等の建設が各地で進み、地域へは土地のリース料や設備に対する固定資産税程度の還元しか見込まれていません。こうした現状を見ると、再生可能エネルギー事業が本当に地域の活性化につながるのかどうかが懸念されます。再生可能エネルギーの導入をどのようにして地域の活性化に結び付けるのか、あるいは地域の多様な関係者の合意形成をどのようにして行うのか、施設の導入に必要な資金を地元でどう調達するのかも課題となっています。

以上を踏まえ、農山漁村に再生可能エネルギーを導入するに当たっては、地域の合意、地域への利益還元、土地等の利用調整（特に農林漁業上の利用との調整）という三点が大きな課題であるといえます。そして、これらを解消し、農林漁業の健全な発展と調和のとれた再生可能エネルギーの導入を促進するためには、土地の利用調整や経済的な利益の分配のあり方が求められてきます。そして、そのための一定の仕組みが必要となっています。

農林漁業の健全な発展と再生可能エネルギーの活用促進とを両立させる方策として、二〇一三年一一月に「農林漁業の健全な発展と調和のとれた再生可能エネルギー電気の発電の促進に関する法律」（以下「農山漁村再エネ法」）が制定されました。

この法律では、再生可能エネルギー電気の発電を促進するための仕組みとして、国が「農林漁業の健全な発展と調和のとれた再生可能エネルギー電気の発電の促進による農山漁村の活性化に関する基本的な方針」を定め、市町村がこの方針に基づき農山漁村の活性化に関する基本計画を定めた場合には、再生可能エネルギーの発電設備の整備を行いたい者は、設備整備計画を作成し、その計画が市町村の基本計画に適合すれば、その認定を受けることができるとされています。

施設の整備のためのインセンティブ

こうした一連の手続きを経て認定された設備整備計画に従って整備を行う場合には、農地法、森林法、自然公園法等に基づく許可又は届出の手続きの簡素化（ワンストップ化）という特例措置等を受けられることになっています。

そして、この基本計画で定める「再生可能エネルギー発電設備の整備を促進する区域」は、市町村に設置された農林漁業者・団体、地域住民、学識経験者に加え、設備整備者を

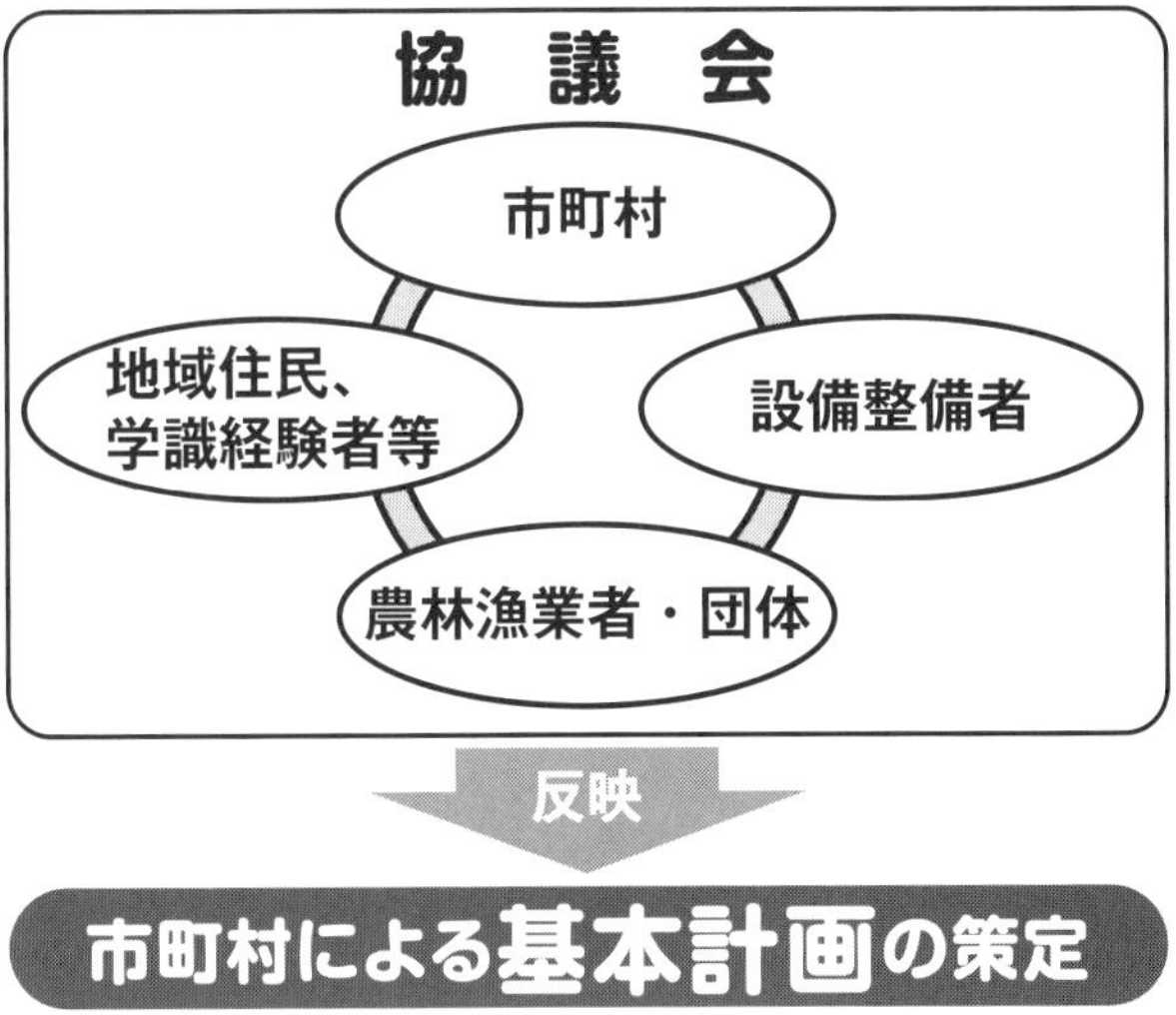

図５　協議会の構成員
（農林水産省「農山漁村における再生可能エネルギー発電をめぐる情勢」〈2014年３月〉より作成）

構成員とする協議会で、市町村のどの区域を再生可能エネルギー発電設備の整備を促進する区域として設定するかを協議することになっています（図５）。協議の結果、「区域」に関する地域の合意に至れば、市町村はその協議結果を盛り込んだ基本計画を作成することになります。したがって、「区域」内に設置することを前提とする設備整備計画が設備整備者から出てくれば、市町村がこの計画を認定し、事業が開始されることになるのです。

地域への利益還元

再生可能エネルギー発電設備の設置に関しては、地域への利益還元が考慮されなくてはなりません。再生可能エネルギーそれ自体を6次産業化に組み込んでいくような発想が大事です。この法律では、設備整備者は、設備整備計画において、再生可能エネルギー発電設備の整備と併せ、農林漁業の健全な発展に資する取り組みを記載することが求められています。その具体的な内容は、前述の協議会において協議されることになっています。その協議結果を踏まえて設備整備計画が提出されれば、市町村から認定を受けることができます。

ちなみに、「農林漁業の健全な発展に資する取り組み」として想定されるのは、たとえば発電事業者が売電収入の一部を支出して、設備周辺の農地について簡易な整備等を地域の関係者とともに行い、農業の生産性向上に貢献するような取り組みです。

「計画なくして開発なし」の萌芽

ヨーロッパの都市計画制度では、産業革命を契機に都市への人口と産業の集中が起こってきた過程で、土地の所有には義務を伴うものと観念されるようになり、その行使は公共の福祉に資するものでなければならないとの考えが生まれました。これに伴って、全国土を対象に「計画なくして開発なし」、「建築不自由」のルールが確立していったのです。

しかし、日本ではそうはなりませんでした。たしかに、日本でも都市への人口と産業の集中という事態は起こりましたが、こうした事態は一過性のものであり、そこで必要とされる規制は過渡的な措置で十分と考えられたため、日本の都市計画法にはこのような原則は確立されなかったのです。

それは、土地は私的財産権の対象であり、その延長に成立した「開発行為は自由」という思想に取りつかれていたからといえるでしょう。これは、公共の福祉の観点から土地に対して一定の社会的な制約が課されることはあるものの、あくまでも「開発行為は自由」

の原則を前提に、例外的に財産権に規制を加えるという考え方です。このため、ヨーロッパ型の都市計画制度と比較すると不十分な点があることは否めません。

そうした状況下、今回の農山漁村再エネ法には「計画なくして開発なし」のルールへの萌芽が見られます。この法律の土地利用の調和に関する基本的な仕組みは、前述からも明らかなように、当事者間の自由意思を前提としているものなのですが、出来上がった「基本計画」に基づく「設備整備計画」には開発に対する一定の制約が加わり、関係者はこれを順守しなければならないという規範力が生じるという意味で、一種の「都市計画」的な要素を兼ね備えているとも考えられます。

したがって、今後は、「計画なくして開発なし」「建築不自由」を原則とするヨーロッパの都市計画制度のあり方に学びつつ、農山漁村再エネ法の実際の運用を通じて事例と経験の蓄積を図り、これを都市計画上の「ゾーニング規制」にまで進化させることができるかどうかが重要であるといえるでしょう。

いずれにしても、この法律は、二〇一四年五月に施行されたばかりですから、今後の運用のあり方が期待されるところです。

最後に、系統接続に関する問題を検討します。現行の固定価格買取制度では、再生可能エネルギー発電事業による送電系統利用については優先接続がうたわれています。とはいうものの、実態は電力会社の裁量のみで接続の可否が判断されており、系統接続拒否により取り組みが遅延している事例が数多く出ています。

この問題は、地域独占を前提に送電網が個別電力会社ごとに管理されていることから生じているのです。したがって、これを解消するためには広域にわたって送電網を運用する体制を確立することが重要となります。この広域運用の確立に加え、送電網の中立・公平な利用を確保するためには、発送電分離を進めることが必要となってきます。この点については、改めて第五章で述べます。

もちろん、再生可能エネルギー発電を新たに接続しようとすれば、系統の強化が必要とされる場合が出てくることは事実なので、その費用について現在は発電事業者が負担することとされていますが、それでいいのかどうかは検討の余地があるでしょう。すなわち、送配電網が稠密《ちゅうみつ》なネットワークとして進化すればするほどネットワークの安定性が増し、ネットワークの有する外部経済効果が期待されることから、事業者の負担と公共財としての公的負担との関係を検討していく必要があると考えられます。

第四章　農村のエネルギー転換と課題

地域主導のエネルギー転換に

これまでのところ、日本における再生可能エネルギー事業への取り組みは、前述の通り、太陽光を中心に、それも大資本によるメガソーラーを中心とする取り組みであるといえます。そうした事態を解消するためのいくつかの方策を検討してきたわけですが、それらだけでは地域主導の再生可能エネルギーの導入は困難であると考えられます。そこで、再生可能エネルギー事業に先進的に取り組むドイツの状況を検討してみましょう。

ドイツが進めているエネルギー転換は、エネルギー源を原子力や化石燃料から再生可能エネルギーに変えるという意味での「エネルギー転換」だけではなく、原子力発電や大規模火力発電に象徴される「集中・メインフレーム型」エネルギー供給の仕組みを「地域分散・ネットワーク型」の仕組みに変え、これを通じてエネルギー面での地域の自立を実現する「地域からのエネルギー転換」を進めることだと考えられます。このような地域からのエネルギー転換が実現すれば、経済や社会のシステムを、さらにはライフスタイルを大きく変えることにつながります。

それでは、ドイツにおける地域からのエネルギー転換とは何でしょうか。それは、地域におけるエネルギーの自立を目指すことであり、その第一の要素は、地域の土地・空間と調和のとれた地域のエネルギー源を選択できることです。すなわち、地域住民が参画して土地・空間の開発や建物の建築等に関する計画を作成するときに併せ、地域のエネルギー源を選択しておくことです。そして第二の要素は、地域住民が構成員となった団体が地域の資金を活用して再生可能エネルギー事業に取り組めることです。これはドイツにおけるエネルギー協同組合のように、地域住民を中心に構成された団体が地域住民の出資や地域金融機関からの融資等、地域の資金を活用して再生可能エネルギー事業に取り組むことです。

こうした取り組みによって、ドイツでは、地域に根差した再生可能エネルギー事業＝コミュニティ・パワーが再生可能エネルギー全体の過半を占める状況が現出しているのです。コミュニティ・パワーとは、①地域の利害関係者がプロジェクトの大半もしくはすべてを所有していること、②プロジェクトの意思決定はコミュニティに基礎を置く組織によって行われること、③社会的・経済的便益の大半もしくはすべては地域に分配されること、という三つの基準のうち、少なくとも二つを満たすプロジェクトのことです。

このようなドイツの取り組みに対して、日本での取り組みはどうでしょうか。日本のエネルギー政策は、ドイツと異なって、「集中・メインフレーム型」のエネルギー供給構造を前提にしていることに問題の根源があるといえます。その問題は、福島第一原発事故により白日のもとにさらされました。すなわち、福島が事故のリスクや深刻な放射能汚染による被災を一方的に引き受けているのに対して、東京等都市部にのみ利益が集中しているという関係にあったことです。福島第一原発事故から復興するには、エネルギー源の転換と同時に、「地域分散・ネットワーク型」の仕組みに転換することが何よりも求められているのです。

地域におけるエネルギーの自立

それでは、「地域からのエネルギー転換」を実現するうえで、今、何が求められているのでしょうか。

こうした地域からのエネルギー転換という点で、固定価格買取制度を導入した再生可能エネルギー特別措置法は大きな役割を果たしえます。しかし、前述の通り、地域外の大手企業が取り組む事業が大半を占めており、地域に根差した再生可能エネルギー事業＝コミュニティ・パワーに該当する自治体や協同組合による事業化は、３％にも満たない状況にあります。

これは、前述したように、再生可能エネルギー事業にとっては、現状の固定価格買取制度の買取条件が規模の大きな設備ほど有利な構造になっていることが基本的な要因といえるでしょう。そのことに加え、規模の大きな事業に取り組むうえで必要な資金力があり、意思決定も早い企業が適地を求めて全国を飛び回り、早い者勝ちで条件の良い立地場所を確保しているからでもあります。

一方、地域主導の取り組みは、一般的に合意形成にも資金調達にも時間と費用がかかります。したがって、現状のままでは、多くの地域で地域主導の体制が整った頃には、立地に適した場所は外部の企業に押さえられ、また、その頃には買取価格も現状よりも低下し、規模の小さい事業者にとっては、そもそも事業化が困難になるといった事態も懸念されます。地域主導の取り組みを一斉に起こさねばなりません。

地域は進む――いくつかの事例から

地域からのエネルギー転換が、地域にもたらす効果が大きいことは明らかです。

たとえば、高知県檮原町《ゆすはらちょう》の取り組みを見てみましょう。檮原町は、高知市と愛媛県松山市からともに車で二時間程度かかるところにあり、町の中心の標高は四〇〇メートルを越える山間地域で、人口は約四〇〇〇人、高齢化率は40%という町です。町の約九割は森林が占めているので、基幹産業は林業ですが、地域で生じる製材の端材や、林業で間伐時に生じる端材を原料に固形燃料である木質ペレットを製造し、農業用や家庭用に加え、公共施設での暖房用に使用しています。こうすることによって、化石燃料の使用を控えるとともに地域外に流出していた燃料代の地域への還元と資金の地域内循環を実現し、また、燃料として使用した後の灰は農業に活用しています。

こうした木質バイオマスの活用のほかに、標高一三〇〇メートルのカルスト台地に設置した二基の風力発電からは年間五〇〇〇万円ほどの売電収入を得ることができ、これを環境基金として太陽光発電の設備補助金等として住民に還元しています。また、小水力発電では、発電した電力を昼は小中学校等に、夜間は街路灯に使用しています。さらに、地熱を利用して温水プールを「道の駅」に設置し、観光施設として誘客効果も発揮しています。

以上の努力によって、檮原町のエネルギー自給率は28・5％となっており、二〇五〇年には自給率100％を目指しています。

このようなエネルギー利用は、地域資源を生かし、人も森も自然もお互いに共生し、循環するまちづくりの一つとして取り組んでいるものです。こうした活動が評価されて檮原町は二〇〇九年には内閣総理大臣から環境モデル都市として認定されました。

畜産・酪農の町である岩手県葛巻町《くずまきまち》も先進的です。北上山地は安定的な風が吹くのを利用して風力発電が盛んです。エコ・ワールドくずまき風力発電の400キロワットの風車三基（1200キロワット）に加え、ジェイウインドが運営するグリーンパワーくずまき風

グリーンパワーくずまき風力発電所（提供／岩手県葛巻町）

力発電所は、1750キロワットの風車一二基で2万1000キロワットの最大出力を持っています。筆者が訪ねた時の町の説明では、少なくとも一〇〇基、最大で四〇〇基ほど建てるスペースがあるのですが、東北電力が変電施設の能力の限界を理由に、接続を拒否しているために、それができないのだといいます。葛巻町は、このほかにも、中学校や牧場等での太陽光発電、牛糞と町の生ゴミを原料にした畜産バイオマス発電、老人保健施設や町の施設で木質ペレットによる熱供給（主に暖房）が行われています。こうして葛巻町は、町の使用電力の一・六倍に当たる発電を行っています。

ちなみに、6次産業化の先進例としてあげた北海道士幌町でも、畜産バイオマス発電プラントで、畜舎の電気を賄っている事例があります。

小水力発電は富山県や長野県が盛んですが、戦後、農村部に電気を供給するために、中国地方では、農協が自力で農山村地域の小水力発電事業に取り組んできました。一九五二年に中国小水力発電協議会（現在は中国小水力発電協会）が発足しました。現在は、JA広島中央会が中国小水力発電協会の事務局を担っており、中国五県（鳥取、島根、広島、岡山、山口）の15JAをはじめ、土地改良区、市町村等、二九会員五三カ所の発電所で1万キロワット近い発電を行っています。老朽化して廃棄が検討されていた、いくつかの小水力発電施設も、固定価格買取制度の導入で、存続、設備更新が行われるようになってきました。

全国で四〇万キロメートルに及ぶ農業用の水路には小水力発電の適地が多くあるといわれ、水路を管理している土地改良区が小水力発電事業に取り組んでいます。栃木県北部の那須野ヶ原扇状地に位置する水土里《みどり》ネット那須野ヶ原（那須野ヶ原土地改良区連合）は、受益面積約四三〇〇ヘクタール、組合員数約三三〇〇人を擁する組織で、水田・畑や用排水路の維持管理という本来の業務に加え、組合員の負担軽減（一九九三年に五〇〇〇円／一〇アールであった農家の賦課金が二〇一二年には二四〇〇円に軽減）と那須野ヶ原地域の農業・農村の活性化の観点から、再生可能エネルギーの発電事業等に取り組んでいます。具体的には小水力発電では八基１５００キロワット、太陽光発電の４００キロワットと合計で１９００キロワットの最大出力を有しています。このほか、家畜糞尿バイオマスエネルギーの実証事業や水源林の育成のため、間伐材等の有効活用による木質バイオマス発電所の実現に向けた賦存量調査並びに各種実証試験に取り組んでいます。事務局長である星野恵美子氏は、こうした事業に取り組んでいるのも、那須野ヶ原地域は自然エネルギーの宝庫であり、米と電気は自分で作り、クリーンなエネルギーで地球温暖化を防ぐ取り組みこそが地域の発展につながるとの強い信念があるから、と述べています。

さらに小水力発電事業は、このような規模の大きな場合だけではありません。岐阜県郡《ぐ》上《じよう》市の石徹白《いとしろ》地区（集落）では、一〇〇世帯のほぼ全戸が出資をして石徹白農業用水農業協同組合を設立し、住民が主体となって農業用水を管理するとともに、新たに小水力発電所を建設し二〇一六年から発電を開始し、売電収入（年間一七五〇万円を見込む）のうち維持管理費や積立金、返済金を除いた収益（二〇〇万円を見込む）は、農産物加工、特産品開発、新規就農者研修など集落の活性化に活用していくことにしています。

また、木質バイオマス発電は、ドイツでも熱と電力との併用の形で地域エネルギーとして普及しています。前述の高知県檮原町のように、木質バイオマス発電にはいくつかの副次的効果が期待できます。森林を維持することができるとともに、発電の際に生ずる熱を暖房などに供給できます。日本では、日本製紙や住友林業のような大企業が取り組む事例が目立ちますが、地域でもいくつか成功事例が出てきています。

たとえば、大きなところではグリーン発電大分やグリーン発電会津があります。さらに、小規模でも、山形県最上郡最上町の木質バイオマスエネルギー地域冷暖房システムは、地域の病院・福祉施設・園芸ハウスに冷暖房・給湯を行っています。

今では、農協の施設や倉庫の屋根に太陽光発電システムが設置されているのはめずらしくなくなってきました。面白いのは、北海道厚岸《あつけし》郡浜中町《はまなかちよう》と厚岸町トライベツ地区の酪農家によってつくられた中山間浜中・別寒辺牛《べかんべうし》集落の、集落内の酪農家一〇五戸に太陽光発電を設置している事例です。一つひとつは10キロワット時と小規模なもので、設置費用が安くてすみます。「チリも積もれば……」で、合計すると1050キロワット時の発電出力になっています。

このような事例から、再生可能エネルギーの活用を通じて農林漁業と農山漁村地域の活性化が図られていることは明らかです。再生可能エネルギーのエネルギー源は、太陽光、風力、水力、地熱、バイオマスといった、地域の環境や農林漁業の生産活動と密接な関連があるものです。このように地域の土地・空間の利用と再生可能エネルギー源の利用のあり方を一体的かつ総合的にとらえ、事業展開を計画的に進めていき、地域の再生と持続的な発展を確保することが求められているのです。

これは、農林漁業をはじめとする地域の産業の土地利用と再生可能エネルギー源の利用との間で土地・空間に関する利用の競合が起こりうることから、両者の調和を図るとともに地域にとっての利益を最大化するためには、総合的な利用計画を作成する必要があるからです。そのうえで、地域における再生可能エネルギー事業と地域の産業との連携・融合を通じて、「地域分散・ネットワーク型」経済を形成し、農山漁村地域における雇用と所得を確保する機会を創出することが期待できるからです。

これまでの地域振興が企業誘致をはじめ外来型（植民地型）開発であり、その多くが失敗した教訓に学べば、地域にある資源、技術、人材、文化、ネットワーク等を活用することを基本とした地域内発型の活性化に取り組むことが重要な課題となってきます。そのうえで、まずは、地域の既存事業・産業を伸ばすことを考え、地域に必要だが存在していない場合にはその事業・産業部門を地域が主体となって創っていく。地域主体での事業化ができなければ、地域の外から企業を誘致はするものの、事業の利益の一部を地域に還元するルールを事前に定めておくことが基本となります。

現代的な総有権による新たな仕組みづくりの必要性

エネルギーの自立については、地域が再生可能エネルギーのエネルギー源を選択することが条件の一つとされています。こうした考えの背景には、再生可能エネルギー源となる地域資源は地域の人々のものという考えがあるものと思われます。

再生可能エネルギー源にとどまらず、食料や景観、文化といったその地域に存在する資源は、地域の人々の営為によって生み出され、あるいは地域に賦存するものを永続的に利用できるよう適切に管理がなされてきたものなのです。こうした一定の管理行為を地域の人々が行ってきたことを前提に、地域の人々に地域資源の優先的利用を認めるという考えが背景にあると考えられます。

こうした考え方は、林野の入会権、慣行上の水利権、共同漁業権等共同体による資源管理を前提に、共同体のメンバーによる慣習上のルールに基づいた利用が認められる総有的権利の概念によって説明が可能です。元法政大学教授で弁護士の五十嵐敬喜《いがらしたかよし》氏は、人口減少社会における土地・空間の利用管理が放置されている状況を解決する方法として、土地所有権を眠らせて、公共性の観点から土地・空間利用を確保する現代的総有権を構築することを提案しています。いずれにしても、再生可能エネルギーのエネルギー源の永続性を担保するためには、地域の土地・空間と一体となってエネルギー源を管理・利用する仕組みについて、土地利用計画のあり方と併せ、現代的総有権の概念も活用しつつ、新たな仕組みを構築していく必要があると考えられます。

地域のエネルギー転換の担い手

以上を前提に、地域のエネルギー転換の担い手として想定されるのは、誰でしょうか。ドイツでは、協同組合をはじめとした地域の住民の協同に基づいて事業を行う組織が、再生可能エネルギー事業の担い手となっています。そのような形で地域からのエネルギー転換が進めば、日本における「地域分散・ネットワーク型」の経済・社会システムの形成も現実となるでしょう。

それでは、日本において協同組合が主体となることは可能でしょうか。まずＪＡの取り組みの可能性から見てみましょう。

ＪＡグループは、二〇一二年一〇月の第二六回ＪＡ全国大会で、「将来的な脱原発をめざすべき」としたうえで、持続可能な地域農業の振興と地域循環型社会の確立のため、「再生可能エネルギーの利用促進、地球温暖化等環境問題について、各ＪＡ・地域の人的・物的資源を最大限活用する取組みを地域から広げていく」ことを決議しています。実際に、肥料や農薬といった生産資材を農業者に販売し、コメや野菜といった農畜産物を農業者に代わって販売するＪＡの全国団体である全国農業協同組合連合会（ＪＡ全農）が、総合商社の三菱商事と提携してＪＡ施設の屋根等を対象に太陽光発電パネルを設置する等の発電事業に取り組んでいるのですが、その程度では決議の趣旨に照らして十分な取り組みであるとはいえないでしょう。

そこで、ＪＡグループは、再生可能エネルギーの普及を目的に「農山漁村再エネファンド」を創設しました。

「農山漁村再エネファンド」は農林中央金庫とＪＡ共済連がそれぞれ五億円を出資し、一〇億円の規模になります。運営主体は農林水産業協同投資です。このファンドは、二〇一四年五月の農山漁村再エネ法の施行を受け、農業・地域の活性化につながり、農山漁村や中山間地域に利益の還元が見込める事業体に出資します。具体的には、行政や企業、農林水産業者、ＪＡ等で構成する地域の協議会等がつくる発電事業体に出資し、また既に地元企業等が運営している発電事業体への増資にも対応します。地域外の企業が地域関係者とともに取り組む場合も出資対象とする方針です。出資上限額は資本総額の50％以内で、出資期間は一〇年間を目途とし、地域の農林水産業との調和や地域主導の取り組みを重視するため、期間終了後は出資金を地域関係者に譲り渡すことを想定しています。将来的に規模を三〇億円まで拡大することも検討されているようですが、規模はまだ小さく、どれだけ本格的な取り組みになるかは、今後を見ないとわかりません。

営農型発電の取り組み

前述のＪＡ全国大会の決議の趣旨を実現するためには、先に見たファンドだけでなく、地域にある単位ＪＡが地域農業・農村の振興を確保する観点から、再生可能エネルギー事業に取り組むことが重要になってきます。その場合、ＪＡの組合員である個別の農業者の取り組みが必要ですが、それが本書で述べてきたエネルギー兼業農家に当たります。具体的な取り組みとしては、たとえば営農型発電が考えられます。これは、太陽光を作物と分け合い、営農をしながら発電も同時に行う形態の農業のことで、単収が平均の八割以上を確保すること等を条件に優良農地でも太陽光パネルの設置が認められるものです。こうした制度を活用して、電気も作物と見立てて水田でコメづくりの傍ら太陽光パネルを設置する農家が現れてきました。農産物価格は毎年変動しますが、売電価格は二〇年間固定されるので、経営安定にプラスに働きます。

さらに売電の買取期間が二〇年間であることを活用して、耕作放棄地を再生し、農業に取り組もうとする農家も現れてきています。また、静岡県では営農型発電施設を抹茶原料のてん茶生産に活用し、農家の収入を増やす取り組みが始まっています。菊川市の茶商で農業生産法人の流通サービスと静岡市の農業コンサルタントのリーフが連携し、地主、耕作者、発電事業者の三者が一つの茶畑からそれぞれ収入を得る仕組みをつくった事例も見られます。先に見た追尾型太陽光発電システム等の技術が、こうした動きを後押ししています。

地域の農業協同組合への期待と課題

このような個々の農家による取り組みが増えていくことは、地域からのエネルギー転換を進めるためには有意義なことと考えられます。しかし、個別の取り組みにはおのずと限界があるといえるでしょう。むしろ、農山漁村の6次産業化の考え方と同様に、地域という広がりの中で、さまざまな再生可能エネルギー発電をはじめ、熱利用等の多様な取り組みを推進していくことがエネルギー事業としての安定性を確保していくうえでも重要となってきます。そのような地域の再生可能エネルギー事業に取り組むためには、エネルギー兼業農家が構成員ともなっているJAに対して、エネルギー事業の企画・立案をはじめ、売電事業による利益を地域に還元し、6次産業化をはじめとする多様な事業によって、資金の地域内循環を図り、地域の雇用と所得を底上げしていくことに、コーディネーターとしての役割の発揮が期待されるのです。

しかし、残念ながら地域にある単位JAのこれまでの取り組みは十分とはいえない状況です。それは、たとえば信用事業に表れています。JAの信用事業は地域金融機関であるとともに協同組合としての金融機関であるにもかかわらず、地域からの預金に対する貸付金の比率（預貸率）は25％程度と、信用金庫・信用組合の50％程度と比べても、極めて低い状況にあります。これには、JA自体の信用事業部門において、貸し付けに伴うリスクを審査する能力が十分に備わっていないことがその理由としてあげられます。そのことに加え、農協の理事等の幹部が運営上の損失に対して実質的に無限責任を負っていることも、思い切った独自融資を行うことに消極的な原因であろうと考えられます。

しかし、地域における6次産業化への取り組みや道の駅等の直売所の展開、女性部等による起業等、独自の事業活動が見込まれる状況にあることから、JAによる独自融資に対するニーズも高まっています。こうした動きに加え、固定価格買取制度の導入、営農型発電の仕組み、農山漁村再エネ法の施行といった環境整備を踏まえれば、今後再生可能エネルギー事業に取り組む条件がそろってくると見込まれます。したがって、JAバンクシステム全体としてリスクをシェアしつつ、地域の融資に対するニーズへの機動的な対応が可能となる体制を早急に整えていくことが必要でしょう。

また、そうした新たな事業に伴うリスクを可能なかぎり低減していくためには、地域の単位JAの要請に応じて、県段階あるいは全国段階の上部団体が必要なアドバイスや援助を行っていく体制を併せて構築していくことが必要でしょう。

市民による取り組み

ドイツでは、単一の協同組合法（「産業及び経済協同組合に関する法律」）に基づき、農業協同組合や信用組合のほかにエネルギー協同組合をつくることが可能です。これは、ドイツの協同組合法は組織に関する規定を置いているだけで、対象者や対象事業は基本的に定款で規定する「定款自治」の考えをとっているからです。

それに対して日本では、農業者による農業振興を目的とする協同組合をつくるために農業協同組合法が制定されているように、対象者と対象事業を特定して協同組合を設立する法制度をとっています。したがって、日本の法制度においては、それぞれの協同組合法に基づいて、エネルギー事業に取り組める協同組合をつくっていくことが現実的と考えられます。協同組合としてエネルギー事業に取り組むことができるのは、農業協同組合（漁業協同組合、森林組合を含む）、生活協同組合、中小企業協同組合が考えられます。

協同組合による取り組みが今後進んでいくことを期待する一方で、日本では、地球温暖化への対応や衰退する地域の活性化の観点に立って、二〇〇〇年以前から再生可能エネルギー発電事業に市民が取り組む事例が現れていました。そして、こうした市民による取り組みは、福島第一原発事故を契機に、個々は小規模とはいえ、全国的に広がりを見せています。

そこで、市民によって取り組まれている再生可能エネルギー事業の動向を見てみましょう。小規模・分散型で投資額が少なく計画期間が短い太陽光発電、風力発電をはじめとする再生可能エネルギーは、本来、地域の住民レベルでコントロール可能なエネルギー源であるといわれていますが、日本における再生可能エネルギー事業への取り組みは、前述の通り、大手資本による大規模事業がその中心を占めています。しかし、これまでのような大規模なデベロッパーによる開発では原発の場合と同様、経済的利益が地域外へ流出するだけの、いわゆる「外来型（植民地型）開発」にすぎません。

したがって、再生可能エネルギーについては、そのエネルギー源が地域資源であることを踏まえ、地域の持続可能性と発展を基本に、地域の内発的発展として取り組むことが重要な課題ですが、小規模・分散型の事業でも取り組める可能性が、二〇一二年七月からの固定価格買取制度の施行によって、大きくなったのです。

以上の環境変化のもとで、再生可能エネルギー事業について特に注目すべきは、前述したコミュニティ・パワーに該当する事例で、これから述べる「ご当地電力」がそれに当たります。

「ご当地電力」の誕生

今、「ご当地電力」が次々と誕生しています。長野県飯田市の「おひさま進歩エネルギー」、神奈川県小田原市の「ほうとくエネルギー」、福島県喜多方市の「会津電力」等の地方都市を中心にしてできてきた「ご当地電力」は、コミュニティ・パワーを具現する主体として最も注目される存在です。それは「市民出資型の再生可能エネルギー事業」と呼ぶべきもので、その基本理念は、地域住民が中心となって発電事業を立ち上げ、そこで生み出された売電収入をその地域に再投資し、資金の地域内循環を通じて、地域の雇用と所得と環境を底上げすることで、地域の持続可能な発展を図ろうとするものです。

会津電力の太陽光発電（撮影／藤沢由加）

それでは、「ご当地電力」とは、どのように形成されてきたのでしょうか。日本では、まず市民風車という形でスタートしました。すなわち、風力発電事業を展開するために資金の一部を「出資」という形で一般市民が拠出し、事業主である関連NPO法人が風車を建設するとともにその運営を行うという事業形態です。風力発電による電力は、電力会社に売電され、その収益から出資者への元本返還と利益分配がなされることになります。

このような市民風車としては、北海道浜頓別《はまとんべつ》町《ちょう》に竣工《しゅんこう》された日本初の市民風車「『はまかぜ』ちゃん」があげられます。これは、二〇〇一年九月からNPO法人「北海道グリーンファンド」によって運営されています。この日本初の市民風車の建設に当たっては、全国の一般市民から小口の資金を集める「市民出資」の方法が、北海道グリーンファンドの代表者である鈴木亨氏や認定NPO法人環境エネルギー政策研究所の所長飯田哲也氏らの努力によって開発されたのです。

一方、環境エネルギー政策研究所の全面的なサポートのもと、市民出資という手法を用いて二〇〇四年から南信州おひさまファンドプロジェクトとして太陽光発電事業が始まりました。事業主体は、長野県飯田市のおひさま進歩エネルギーです。この事業が成功したのは、発電事業の採算性を確保できるように飯田市が環境整備を行ったことによるものといえます。

すなわち、飯田市が公共施設の屋根に目的外使用である太陽光発電施設の設置が可能となるようにするとともに、当該施設で発電された電力を飯田市が発電事業者であるおひさま進歩エネルギーから二二円キロワット時（当時）で買い取り、そのうち飯田市が中部電力に売電する場合には固定枠（RPS）制度により二〇円前後の変動する価格で売電することにしたのです。

ここで、RPS制度について簡単に説明しておきましょう。この制度は、固定価格買取制度が二〇一二年七月に導入されるまでの間に存在したもので、電気の小売りを行う電力事業者（たとえば東京電力）に対して、販売量に応じて新エネルギー（再生可能エネルギーとほぼ同じもの）等で発電された電気を、当該電力事業者の設定した価格で一定の量を買い入れることが義務付けられていたものです。固定価格買取制度における買取価格は、発電事業者の採算性を踏まえた価格設定を行っているのに対して、RPSの価格では必ずしも発電事業者の採算性を考慮するわけではありません。

飯田市の場合は、RPS制度が再生可能エネルギー事業者にとって採算が取れない状況にあることを踏まえ、おひさま進歩エネルギーからの買取価格と中部電力への販売価格との差を「再エネ事業を育てる」観点から、飯田市が創設した支援スキーム（地域版FIT）によって補てんしたのです。こうした飯田市の取り組みによって、地域住民が中心となって発電事業を立ち上げ、生み出された売電収入をその地域に再投資することで、地域が持続可能な発展をする基盤ができたといえます。

そのうえで、飯田市は二〇一三年に「飯田市再生可能エネルギー導入による持続可能な地域づくりに関する条例」を制定し、「地域環境権」の考え方に基づき、自ら売電事業に乗り出す住民組織や、彼らとの合意と協力に基づいて再生可能エネルギービジネスに乗り出す民間企業を積極的に支援する意図を明らかにしたのです。

東日本大震災と福島第一原発事故以降、太陽光発電を中心に再生可能エネルギー発電事業への多くの取り組みが見られますが、それらは基本的に前述の通り、地域外資本による「外来型（植民地型）開発」です。その一方で、北海道グリーンファンドやおひさま進歩エネルギーによる先駆的な取り組みによって「市民ファンド」の方法が確立されるとともに、脱原発・再生可能エネルギーへの転換を目指して、たとえば前述の会津電力やほうとくエネルギーのほかにも、しずおか未来エネルギー、宝塚すみれ発電等、日本各地において再生可能エネルギー発電事業に取り組む「ご当地電力」が誕生しつつあります。

「市民ファンド」による資金調達

「ご当地電力」を取り巻く環境には、固定価格買取制度をはじめとする法制度の整備や事業を推進する助成措置の拡充等それまでとは変わり多少順風が吹いてきたともいえますが、「市民ファンド」に対する金融機関の理解が少しは見られるようになったとはいえ、多くの事業では資金調達が困難な状況にあります。また、一般市民の理解と共感を得ることが重要ですが、そのためには再生可能エネルギー事業の公益性をきちんと説明し、事業を企画立案できる人材が必要です。しかし、現状ではそうした人材が不足しています。このように多くの課題を抱えている状況においては、各地の「ご当地電力」が相互につながり、情報を共有し、共通の課題に取り組み、地域主導型エネルギー事業の普及を加速させることが求められています。

そうした状況に対応するため、二〇一四年五月、地域主導型エネルギーを基盤とする持続可能な地域社会づくりを目指す「全国ご当地エネルギー協会」（代表幹事は佐藤彌右衛門《やうえもん》会津電力代表取締役社長）が発足しました。

このプラットホームの誕生は、地域主導型のエネルギー開発を促進するとともに、小規模で分散した地域の事業者の間に協働・ネットワークを構築することによって、地域からのエネルギー転換を現実のものとし、これを通じて、持続可能で自立した地域社会を実現するためには非常に重要な動きです。

　しかし、これらの「ご当地電力」は、まだ地方の中核都市もしくは中小都市が中心で、太陽光発電が先行しています。自然エネルギーの宝庫である農山漁村において、再生可能エネルギー事業がどんどん広がっていく状況が生まれないと、再生可能エネルギーは面的な広がりを持ちえず、真に「地域分散・ネットワーク型」のエネルギー・システムをつくり上げることはできません。その意味で、農業者が6次産業化とともに、再生可能エネルギー発電の売電収入で生きていける「エネルギー兼業農家」を、普遍的な農家経営モデルとして確立していくことが、決定的に重要になるのです。

第五章　「地域分散・ネットワーク型」社会に向かって

新しい産業構造と社会システムへ

今、新しい時代が始まっています。産業構造と社会システムは二十世紀の「集中・メインフレーム型」から二十一世紀の「地域分散・ネットワーク型」へと大きな転換をとげようとしているからです。最後に、エネルギー兼業農家という新しい農家経営モデルが、この大転換の中で、どのような社会的意味を持つのか、改めて述べておきたいと思います。

「集中・メインフレーム型」システムとは、前にも述べたように、規模を拡大して同じものを大量に生産したり取引したりすることによりコストを下げていく方式で、大量生産・大量流通・大量販売の経済社会システムを生み出しました。二十世紀は、まさに重化学工業を軸にした「集中・メインフレーム型」の時代でした。そして、市町村や都道府県を国の出先機関と位置づける中央集権的システムが維持されたことも、そうした経済社会システムの形成に大きく貢献したと考えられます。

農業分野においても、「自立経営」（一九六一年、農業基本法）や「効率的かつ安定的農業経営」（一九九九年、食料・農業・農村基本法）といった経営モデルの実現を目指して、大規模・専業化路線がとられました。

しかし、問題は「集中・メインフレーム型」システムが成立する条件にあります。このシステムは、人口が増え、経済の成長がないと、ひたすら輸出を拡大していくしかありません。しかし、その前提には日本企業の国際競争力が保たれている必要がありますが、バブル崩壊と不良債権処理の失敗、小泉「構造改革」という名の産業戦略なき規制緩和中心の政策等をきっかけに、国際競争力の低下が起きてしまいました。その一方で、国内では人口減少も始まっています。

しかし、現在は、スパコンとICTの発達によって、一つひとつが小規模で分散していても、消費者のニーズを瞬時に反映させ、そしてネットワークを組めば、十分に効率的になります。それは経済を「地域分散・ネットワーク型」に変えていきます。それが二十一世紀に入って世界が進んでいる方向です。

経済評論家の内橋克人氏は、フード（Food）・エネルギー（Energy）・ケア（C

ａｒｅ）の頭文字をとったＦＥＣの自給圏の形成が今後の政策課題であるといいます。これは、文化的最低限度の生活を保障し、人間としての尊厳を確保できるようにするために、食と農業・エネルギー・社会福祉を軸にして経済成長させるという考え方です。今、重要なのは、スパコンとＩＣＴの発達がそれらを一気に先進的・先端的なものに変えてしまう可能性が出てきた点です。

ＦＥＣの順序を少し変えて、エネルギーから見てみましょう。これまで述べてきたように、エネルギー分野では、福島第一原発事故を踏まえ、再生可能エネルギーとスマート化による省エネが進んでいます。従来、再生可能エネルギーは不安定で効率的でないといわれてきましたが、ＩＣＴの発達によって、むしろ効率的で安定的なシステムになりつつあります。将来の送配電網は、やがてスマートグリッドになっていきます。何より重要なのは、地域の中小企業者・農業者・住民が出資して、自らの地域資源を活かしてどのような再生可能エネルギーに投資するかを自ら決定し、その売電収入が地域に返ってくる点です。それは、国からもらう補助金ではなく、自ら売った電力の収入であり、地域の自立をもたらします。そして国全体では、送配電網、建物、車や家電製品に至るまで、スマート化による技術革新をもたらしていきます。

次に、福祉の分野でも、中核病院、診療所、介護施設、訪問医療・看護・介護等をネットワークで結び、地域医療・介護のシステムを構築していく必要があります。一人ひとりの利用者にかかりつけ医や欧州型のケースマネージャーが付いて、医師・看護師・保健師が連携しつつ利用者のニーズに合ったサービスを効率的に供給できるようにし、多様で複雑なニーズに応えていかなければなりません。ＩＣＴによるネットワーク化と医師・看護師・保健師といった専門家のネットワークとがあいまって効率的な運営を図り、多様で複雑なニーズを支えていくことを可能にするものです。

しかし、都市と農村等、地域の特性に応じて福祉サービスのニーズが大きく異なります。そこで供給者と利用者、住民が決定に参加して地域の事情に応じた供給体制を組み立てる必要性が生じることになります。つまり「地域分散・ネットワーク型」への転換のためには、中央集権型から分権・自治型へという意思決定を含む、社会システムを大きく変えていく必要があるのです。

そこにある基本的な考え方は、中央集権的な上から下への指導ではなく、地域を基本として、地域では処理できないものを上位の団体が処理する「補完性の原理」に立脚するものです。そして、これは、それぞれの地域がネットワークを形成し、中央政府からの独立性と地域住民が主権者であることを前提とする、民主主義の思想に根差す考えです。

食と農の分野における「地域分散・ネットワーク型」システム

それでは、「地域分散・ネットワーク型」システムにおける食と農、そしてエネルギーの各分野の政策のあり方を検討しておきましょう。

食と農の分野でも、直売所のPOSシステムがそうであるように、一つひとつは小規模ですがICTによる革新が起きています。もし、こうした直売所が全国的にネットワークとして形成されたら、どうなるでしょうか。たとえば、北海道と鹿児島県で同じユズとコンブを使った大根の漬け物を作るとします。北海道ではユズがとれません。鹿児島県では天然コンブがとれません。しかしネットワークができれば、互いに直接交換することができるようになります。環境や安全・安心という社会的価値を基軸に置きながら小規模農業でも、こうした6次産業化によって高付加価値化と効率化を実現して、儲かる農業になっていきます。

エネルギー兼業農家の経営モデル

このネットワークは、環境や安全という社会的価値が基軸になります。農薬や化学肥料を減らす農業は、必然的に小規模にならざるを得ませんが、それでは生きていくことが難しくなります。6次産業化によって自ら雇用を創り出して地域でお金が回るようにしていくとしても、農業という産業には、自然条件による制約やデフレ経済下における市場環境の不確実性があるので、6次産業化だけではやはり限界があります。そこで、農山漁村の地域資源を管理・保全している農業者自身が、農業に従事するとともに、再生可能エネルギー事業に取り組んでいくことが重要となってきます。それが、エネルギー兼業農家の経営モデルです。再生可能エネルギー発電の固定価格買取制度の導入によって経営への安定化が図れるようになったことから、まさに「生きていけるモデル」となりうるでしょう。

さらに、「6次産業化」＋「エネルギー兼業農家」は、地域経済のあり方を大きく変える可能性を秘めています。エネルギー兼業農家を地域全体で見ると、今まで外から電力を買うため、コストとなっていたものが、今度は、逆に電力を自給したり売却したりすることで収入に変わります。あるいは、これまで工場を誘致して兼業の雇用を創り出していましたが、それは外部に依存する経済であるとともに利益の大半が地域から流出していました。これに対して、6次産業化もエネルギー兼業も、自ら雇用や所得を創出する自律的な経済をつくり出します。自ら投資し、自ら地域の資源をどう使ってどのような再生可能エネルギーを生産するかを決定できるので、地域住民とともに自らが参加し、地域の将来を決定できるようになるのです。

それは同時に、化石燃料の使用をできるだけ減らすという、地球温暖化防止への活動につながっていきます。農業者は、その地域で土地や山林を持ち、河川や農業用水を共同管理しています。エネルギー源となる自然資源を持ち利用する主体である農業者自身が、自らエネルギーをつくらなければ、地域はもちろん日本全体のエネルギー転換はできません。

農業とエネルギーを兼業することによって、農業者は環境に優しい安全・安心という社会的価値の守り手として、重要な役割を果たすことができ、まさにそのことによって農業は誇り高い職業としての地位を取り戻すことができるはずです。

しかし、6次産業化にせよエネルギー兼業にせよ、個別の農家がやるには負担が大きく、地域ぐるみでないとうまくいかない面もあります。その意味では、農協や農協系金融機関、地域の市民ファンドや地域金融機関の役割が大きくなります。思考の転換が求められています。

電力システム改革を急げ

これまで述べてきたエネルギー兼業農家を実現するには、日本全体の電力の仕組みを変える、電力システム改革が不可欠です。ヨーロッパと比べれば、日本における再生可能エネルギーの全エネルギーに占める割合は極めて小さいものです。その背後には、発送電分離を中心とした電力システム改革の遅れがあります。日本では、全国一〇電力事業者による地域独占体制が維持され、企業向けは自由化される一方で、家庭向けには、電気料金に発電コストを転嫁できる総括原価主義がとられているという、歪《いびつ》な制度が今なお続いています。これでは、再生可能エネルギーの普及は望めません。

福島第一原発事故を契機に、日本でも、ようやく電力システム改革が始まりました。その目的は、①安定供給の確保、②電力料金の最大限の抑制、③需要家の選択肢や事業者の事業機会の拡大とされています。この目的を達成するための具体的な政策として、第一段階「広域的運営推進機関の設立」、第二段階「電気小売業への参入の全面自由化」、第三段階「法的分離による送配電部門の中立性の一層の確保」及び「電気の小売料金の全面自由化」の三段階の改革を順次進めることとする「電力システム改革のプログラム」が示されました。

まず、二〇一三年一一月に成立した改正電気事業法（第一弾改正）によって、改革の第一段階の「広域的運営推進機関の設立」については、二〇一五年四月に設立することとされました。これは、現在の一般電気事業者（東京電力のような地域独占の電気事業者のこと）の供給エリアごとに分割されている電力系統について、平常時・緊急時を問わない発電所の広域的な活用、送配電網・地域間連携等を、一定の強制力を持って、整備できるようにするものです。

第二段階の「電気小売業への参入の全面自由化」については、二〇一四年六月に成立した改正電気事業法（第二弾改正）によって、工場や大規模事業者等のいわゆる大口需要家を対象としたこれまでの「部分自由化」の状態から、二〇一六年末までに大手電力一〇社による「地域独占」を撤廃し、家庭への電力販売に多くの企業が参入できるようにするものです。

第三段階の「法的分離による送配電部門の中立性の一層の確保」と「電気の小売料金の全面自由化」については二〇一八年から二〇二〇年までを目途に実施するものとして、そのための法律を二〇一五年通常国会に提出することを目指すものとされています。これらのうち前者は、大手電力会社を発電と送電、小売に分社し、「発送電分離」を実現させ、発電会社の間でも競争が生まれるようにするものです。また、後者は、電気料金についても現在の「総括原価方式」を改め、大口需要家に対する電力料金と同様に、自由化するものです。

ＥＵにおける電力改革のスピード感

一方、ＥＵにおける電力システム改革を見ると、一九九七年のＥＵ電力指令において、加盟国には二〇〇三年までに、発電部門の自由化、小売市場の段階的かつ部分的な自由化に加え、発送電分離の観点から、発電・送電・配電のそれぞれの部門が機能面で分離されるように独立した送電系統運用者を設置するとともに、各部門の会計上の分離と財務面での独立性を担保するために会計分離を実現することとされました。次に、二〇〇三年にはさらに自由化を進めるためＥＵ電力指令が改正され、発送電分離を担保する送電系統運用者について資本関係があることは許容されるものの、法的には別会社として分離することとされました。また、小売市場については二〇〇七年七月までに完全自由化されました。

日本とＥＵの電力システム改革を比較すると、一見、改革のスピードには大きな違いがないようにも見えます。しかし、ＥＵでは、スケジュールに従って電力システム改革が行われ、発送電分離等を通じて電力会社の地域独占体制が解体されたのに対して、日本の電力システム改革には、以下に述べるようになおも電力会社の地域独占を維持しようとする面があり、電力システム改革を中途半端で迅速さに欠けるものにしてしまうおそれがあります。

問題の第一に、「広域的運営推進機関」の性格と権限の問題があります。「広域的運営推進機関」は広域系統の運用をする権限を与えられるべきで、そのためには人事について国会の同意を必要とする独立機関に改めないといけません。前述の通り、現行の固定価格買取制度では再生可能エネルギー発電の送電系統利用については優先接続がうたわれているのですが、実態は電力会社の裁量のみで接続の可否が判断されており、こういう状況が改善しないからです。

第二に、企業向け電力自由化とともに設けられた「日本卸電力取引所」は一部新電力会社（PPS）も含まれていますが、大手電力会社からの出向者で多数が占められており、系統接続に消極的であり、また接続料を高くする等して、事実上、大手電力会社の地域独占を守るためにしか機能しませんでした。新たな規制機関が実際には数多く存在する企業の自家発電を把握して参入を促進するとともに、「日本卸電力取引所」をより公平なものに改革しなければ、電力自由化は実効性を持たないでしょう。

第三に、発送電分離改革をめぐる問題があります。これに関しては、会計分離・法的分離・所有権分離等さまざまな形態がありえますが、この改革案では所有権分離ではなく、法的分離にとどまっています。表面上、発送電は分離されていますが、持ち株会社で統合されており、実態としては現状とあまり変わらず、電力会社の地域独占が維持される危険性があります。

では、なぜこうした中途半端な「改革」にとどまったのでしょうか。それは、原発は、コスト論からいって経済合理性がないだけでなく、福島第一原発事故以降、不良債権化しているために、発送電分離をした途端に、発電会社の経営が破綻してしまうためです。電力システム改革を推し進めるには、原発＝不良債権を処理する、もう一つの電力改革が必要になるのです（金子勝『原発は火力より高い』〈岩波ブックレット〉参照）。

もう一つの電力改革が必要

まず東京電力をゾンビ状態で救済することをやめることです。この間、東京電力には、注入された一兆円の公的資金を無償で供与するのに加え、原子力損害賠償支援機構からの交付金枠を五兆円から九兆円に膨らませました。さらに、さまざまな名目で、事故処理費用や除染費用に税金を充てています。その結果、福島第一原発の事故処理、賠償、除染が進まないという本末転倒の事態に陥っています。

東京電力は、一応、二〇一三年四月から、社内に持株会社に相当する「コーポレート」という機構を設置し、その下に火力発電・送配電・小売の三つの事業を「カンパニー」として分離し、二〇一六年には分社化する予定です。しかし、これでは、形だけの発送電分離でしかなく、本格的な電力システム改革にはなりません。そして何より、福島の事故処理、賠償、除染費用を優先的に確保し、そのために国民負担が最小になるように、東京電力を抜本的に改組すべきでしょう。

そのためには、現在の東京電力（旧東電）をいったん破綻させ、発電会社と送配電会社に分離した新会社を設立するとともに、原発を国有化しなければなりません。旧東電の資産、あるいは資産を引き継いだ新会社と子会社の株式を売却し、賠償費用に充てるのです。その際、金融機関の貸し手責任を問うべきです。既発の電力債はマイナス資産として新会社が引き継ぐとしても、銀行には少なくとも原発や核燃料の残存簿価と廃炉引当金に相当する貸付債権を放棄させるべきです。しかし、電力債を新会社が引き継げば、新会社の負債額が大きくなり、賠償や除染費用を賄えません。

そこで、高速増殖炉もんじゅ及び六ヶ所村の再処理施設を廃炉・閉鎖することとし、原子力環境整備促進・資金管理センターに積み立てられた積立金三・五兆円の一部を使ってそれを実行したうえで、残りを福島の除染費用に充てます。そして電力料金に上乗せされている再処理料金も除染費用に回すべきです。既に東京電力は当事者能力を失っているので、国のエネルギー予算を組み替え、国の責任で福島第一原発の廃炉を行うべきです。

では、ほかの電力会社の原発はどのように処理したら良いのでしょうか。

原発を有する電力各社に、原子力発電設備と核燃料の残存簿価と廃炉引当金不足額分にあたる金額の新株を発行させます。国がそれを引き受け、公的資金を注入します。国が新たに電力会社の株主になって、発送電分離とともに原発をいったん「国有化」するのです。そして電力各社から原発の残存簿価分の金額と廃炉引当金を付けて、全国の原発事業の管理を日本原子力発電に移します。日本原子力発電は、その事業を継承するとともに、廃炉事業を担当するのです。

以上のような措置によって、初めて電力会社の経営状況に左右されずに、厳格な安全基準を設け、安全投資のコストを勘案して、どの原発を廃炉にするかを冷静に判断することができるようになります。同時に、日本原子力発電を基本的に廃炉専門会社にすれば、経営破綻を免れます。また電力会社は不良資産となっている原発を手放すことで経営は健全化され、融資している銀行も不良債権を処理できます。こうした電力改革を実施することで、国民負担も軽くなり、発送電分離改革もより迅速に本格的に実施できるようになるのです。

これまで述べてきたように、二十一世紀の「地域分散・ネットワーク型」社会を実現する際に、エネルギー兼業農家が先進的役割を担うことになります。そのためには、農協の改革だけでなく、既得権益に縛られ、未来の産業構造への転換を妨げている財界もまた真剣な改革を求められています。

おわりに

自転車に乗って「常識」を疑う

本書は、筆者の金子勝と武本俊彦が自転車をこぎながら話す中で生まれた本です。

二人は、同じ高校で学び、同じハンドボールクラブに入る等、高校時代から四〇年来の友人関係にあります。最近は、高校時代の仲間との草野球チーム「地球防衛軍」にともに参加し、時々、ママチャリ・サイクリングとキャッチボールをしています。健康づくりが目的ですが、ついつい、食料・農業から環境・エネルギーにわたる諸問題が話題になってしまう、理屈っぽいサイクリングです。本書は、そうした日々の意見交換の中から、基本的な構想が生まれました。

自転車で風を切りながら、「これまで常識とされてきた考え方に従っているかぎり、この閉塞した日本の状況は打ち破れないなあ」と、大声で言い合います。本書の中心である、「エネルギー兼業農家」は、大規模専業農家ではなく発電する兼業農家であり、農業論としてもエネルギー論としても「常識」とは異なるものです。

一つの出来事が、私たち二人を「常識」破りの議論に強く駆り立てました。いうまでもなく、それは、二〇一一年三月に東日本大震災が起こり、福島第一原発の事故によって、放射性物質が大量に環境中に放出されたことです。

「原発推進」へ舵を切る安倍政権

一九五〇年代生まれの私たち世代は、若い時に、水俣病やイタイイタイ病といった悲惨な公害病を「経験」しました。福島第一原発事故は、三年半経《た》っても一〇万人以上の故郷に戻れない人々を生み出しており、かつての公害をも上回る史上最悪の環境汚染をもたらしていることに、強い憤りを感じます。情報を隠し、加害企業も担当官庁も責任をとらず、東京電力の救済優先で、事故収拾も進まず、賠償支払いも除染も進んでいません。被災者を置き去りにした現状は、かつての公害病問題を忘れてしまったかのようです。

しかし、国民の大多数は脱原発への意思を明らかにし、二〇一二年、当時の野田政権はそれを受けて二〇三〇年代に原発をゼロとする目標を掲げました。さらに福島第一原発事故を受けて世界の国々は、原発や大規模火力発電に象徴される「集中・メインフレーム型」の電力システムを見直し始めました。再生可能エネルギーと省エネが急速に普及し、ＩＣＴの進歩とあいまって、「地域分散・ネットワーク型」のエネルギー・システムが生まれつつあります。

ところが、その後の政権交代によって誕生した第二次安倍政権では、二〇一四年四月に第三次改定されたエネルギー基本計画において、国民の多数の意思は引き続き脱原発であるにもかかわらず、原発を「重要なベースロード電源」と位置づけ、脱原発の旗を一方的に降ろしてしまいました。

こうしたエネルギー政策の方向転換は、その前に行われた秘密保護法の制定の経過や、その後の集団的自衛権に関する憲法解釈の変更を閣議決定で行うことと同様、国民への十分な説明や国民を代表する国会での十分な議論を経ることもなく、選挙で選ばれた以上は何でもできるといわんばかりのやり方で、立憲主義の否定以外のなにものでもありません。

「エネルギー兼業農家」のコンセプトはこうして生まれた

新緑が濃くなり始めた頃、二人は自転車をこぎながら「本を出そうぜ」と、本書の相談を始めました。二人は、既に二〇一〇年二月に『日本再生の国家戦略を急げ！』を出しているので、今回で二冊目になります。前著でも、大規模専業農家を作れば、日本の農業が強くなるという「常識」を疑い、地域単位の「6次産業化」というオルタナティブを提示しました。

今回は、さらに「エネルギー兼業農家」というコンセプトを打ち出しています。
「このデフレで、特に農産物価格が下落する中で、単品生産の大規模専業農家なんて潰《つぶ》れろといっているようなものだな」

「この山林七割の国では、兼業農家でしか生き残れないけど、今さら工場誘致や公共事業獲得はないでしょ」

「いや、この時代だから発電する農家でしょ」

といった具合です。

とにかく、きれい事はヤメにして、徹底したリアリズムでいこうということになりました。結局、農業の担い手が減るのは、農業が「儲からない産業」になったからです。儲かっている農村地域には、三〇代四〇代の若い担い手がいっぱいいます。

農家が食べていけなければ、食料危機が来たら対処できません。食料危機も原発事故以上にリアルになってきましたから、消費者としても無関心でいられないはずです。

こうして、農家が現実的に生きていける方法は何かを追求していった結果が、大規模専業農家でもなく、電力会社でもなく、農業者自身が発電する「エネルギー兼業農家」だったのです。私たちが提唱する近未来の農家経営モデルは「6次産業化」+「エネルギー兼業農家」です。

私たちは通常の電力システム改革の「常識」にも疑いを向けます。通常、電力自由化論が想定しているのは、自家発電を行っている大・中企業です。これまで「発電する農家」は考えられてきませんでした。しかし農村は自然エネルギーの宝庫です。そこで農業者自身が主人公になって「発電する農家」になることが必要です。そうすることで初めて「地域分散・ネットワーク型」のエネルギー・システムが実現できるのです。

このように、「エネルギー兼業農家」は、担い手が高齢化し、衰退する農業・農村を救っていく新しい農家経営モデルであるという意味にとどまりません。それは、社会システム全体から見ても大きな歴史的・社会的意味があります。

社会システムは変わる

前にも述べたように、グローバル化が一層進展していくことが見込まれる中で、これまで「常識」とされてきたのは、農業においても大規模化路線の追求です。その背景には、高度成長時代の重化学工業や原発・大規模火力発電事業に象徴される「集中・メインフレーム型」経済システムの考えがあります。そうした考え方を背景に、「農業をもっぱら行う」という専業化によって、コストを削減し、大量生産したものを大量に販売する仕組みです。

しかし、この路線では、人口減少とデフレ経済下においては価格引き下げを求められ、「安売り合戦」の蟻《あり》地獄に陥るようなものです。農業経営を維持することはできません。そもそも大規模化で利益を追求する「集中・メインフレーム型」の経済システムは、人口が増え、高い経済成長がなければ、輸出がはけ口にならないかぎり、行き詰まってしまいます。まさに、今の日本はそうした状況です。

こうした状況のもとでは、一つひとつの事業者が小規模でも、スパコンとＩＣＴの発達を背景にしてネットワークで結ばれれば、瞬時にニーズをつかむことができ、十分に効率的になります。そして、この二十一世紀の「地域分散・ネットワーク型」経済システムが世界の流れになっているのです。スーパーよりＰＯＳシステムを使ったコンビニの方が堅調に伸びている、あるいは固定電話に代わって携帯電話やスマートフォンが伸びているのが象徴的です。もちろん、気象システムを組み込んだ「賢い送配電網」であるスマートグリッドもそうです。

農業分野でも、多様な消費者・実需者のニーズにかなった「量と品質と価格」の商品を生産するために、必要な加工をしたり、あるいはICTを使った産直や直売所等で販売したりすることを通じて、高付加価値・効率化を実現する6次産業化に取り組むことが重要になってきます。

さらに農家は、エネルギー事業に取り組むことでさらなる収益が望めます。

再生可能エネルギーについて、二〇一二年七月に導入された固定価格買取制度によって、東京電力のような電力事業者は、再生可能エネルギーの発電事業者の採算性を考慮した価格で二〇年間継続して買い取る義務を負うことになっています。

再生可能エネルギーとは、太陽光・熱、風力、小水力、地熱、バイオマスが該当しますが、これらの多くは農山漁村に存在しています。したがって、農山漁村地域の農林漁業者、中小企業者、住民が中心になって発電事業に取り組めば、発電事業による利益は地元に還元され、それが地域内を循環するという地域の自立に貢献していきます。

まさに、エネルギー兼業農家は、二十世紀の「集中・メインフレーム型」から二十一世紀の「地域分散・ネットワーク型」の経済システムへの転換の先頭を切ることになるのです。

外来型開発から内発型開発へ

しかし、現実はそれほど甘くはありません。たとえば太陽光発電の場合を考えてみましょう。太陽光発電は、太陽光パネルに太陽光が当たることによって発電がなされます。したがって、パネルの面積が大きければ大きいほど発電量が多くなり、また、発電コストが低くなりますから、その利益は大規模発電ほど大きくなります。そうした事情から、太陽光発電は未利用地が多いところに立地したいという強い意向が発電事業者にはあるといわれています。だからといって、企業の自由にまかせてしまえば、地域の土地・景観の計画的な利用が損なわれ、また、地域への利益の分配が図れなければ、地域の衰退を招きかねません。

二〇一二年七月以降に導入された再生可能エネルギー発電設備は約900万キロワットで、その九割以上が太陽光発電とされ、その事業者は東京等の都市部に本拠を置く企業とされています。

また、経済産業大臣から設備導入の認定を受けているものの現時点で未導入のものが約6000万キロワットもあり、そのほとんどを企業による太陽光発電が占めています。これでは、地域には発電施設に対する固定資産税や法人住民税等のほか、土地の借入に対するリース料が入るだけで、利益の大部分は本社のある都市部に持っていかれることになります。現状は、原発や大規模火力発電、あるいは高度成長時代に賃金と地価が都市部に比べ安いことから進出した工場と同様で、「外来型（植民地型）開発」にほかなりません。

地域への還元が少ないだけでなく、地域に設置された施設は本社の判断で簡単に撤収されてしまい、地域外の要因に左右されるという意味で「他律」的な経済といえます。したがって、利益の地域への還元方法が担保されなければなりません。

「ご当地電力」による内発型経済発展

それでは、内発型の経済発展を実現するためにはどうすればいいのでしょうか。

その一つのあり方が、市民出資型の再生可能エネルギー事業と呼ぶべきものです。その基本理念は、地域住民が中心になって発電事業を立ち上げ、そこで生み出された売電収入をその地域に再投資し、資金の地域内循環を通じて、雇用と所得と環境を底上げし、持続的発展を図ろうとするものです。

こうした動きは二〇〇一年の市民風車「『はまかぜ』ちゃん」からスタートし、固定価格買取制度の導入をはじめとする助成措置が整備されることによって、各地域での取り組みで「ご当地電力」が生まれています。

しかし、「ご当地電力」は、地方都市を中心に展開されていて、その多くは太陽光発電です。自然エネルギーの宝庫である農山漁村において、再生可能エネルギー事業がどんどん広がっていく状況が生まれないと真に「地域分散・ネットワーク型」のエネルギー・システムを作り上げることができません。

その意味で、農業者が6次産業化とともに、再生可能エネルギー発電の売電収入によって生きていける「エネルギー兼業農家」を、普遍的な農家経営モデルとして確立していくことが決定的に重要になってくるのです。

農山漁村の地域資源を維持・管理しているのは、農業者をはじめとする地域の住民です。農業者が農業に従事するとともに、再生可能エネルギー発電事業に取り組んでいけるように、太陽光を農作物の栽培と発電にシェアリングする場合には、優良農地での活用も認める営農型発電や農山漁村にある一定の農地について地域への利益還元を前提に、太陽光パネルの設置のために転用を認める等の法制度が用意されています。

しかし、6次産業化にせよ、エネルギー兼業にせよ、個別農家がやるには負担が大きく、地域ぐるみで取り組まないとうまくいかない面があります。その意味では、農協や農協系統金融機関、地域の市民ファンドや地域金融機関の役割が大きいといえます。

「地域分散・ネットワーク型」への転換を阻むもの

今、新しい未来の創出をめぐって、古い「集中・メインフレーム型」の利害と新しい「地域分散・ネットワーク型」の利害が、潜在的に対立関係にあります。

実は、古い「集中・メインフレーム型」の利害を代表するのは、重厚長大産業に支配された経済界です。原発再稼働や原発・武器輸出に邁進する一方で、ひたすら規模拡大路線による大規模専業農業のための規制緩和を要求しているからです。

そして何より、銀行の不良債権問題から福島第一原発事故に至るまで、経営者も監督官庁も責任を取らず、ゾンビ状態の東京電力の救済を優先し、安全性を担保できないまま原発を再稼働しようとしていることが問題です。

まさに二十一世紀の「地域分散・ネットワーク型」への転換を妨害する守旧勢力に成り下がっているのです。

既得権益を打ち破る真の「電力システム改革」を

「地域分散・ネットワーク型」とその担い手である「エネルギー兼業農家」を実現するためには、日本全体の電力の仕組みを変える電力システム改革が不可欠です。日本の場合、再生可能エネルギーの全エネルギーに占める割合が、ＥＵに比べ極端に低い状況です。

その背景には、発送電分離を中心とした電力改革が、ＥＵに比べ遅れていることがあります。

現在、政府は、電力システム改革を段階的に進め、発送電分離（法的分離）は二〇一八年から二〇二〇年までを目途に実施することにしています。

しかし、現在の改革案には、電力会社の地域独占を維持しようとする面があり、電力システム改革を中途半端で迅速さに欠けるものにしてしまうおそれがあります。

なぜ、中途半端な「改革」にとどまりそうなのでしょうか。それは、福島第一原発事故以降、原発が不良債権化しているために、発送電分離をした途端に、発電会社の経営が破綻してしまうからです。したがって、電力システム改革を真に推し進めるには、原発＝不良債権を処理する、もう一つの電力改革が必要になるのです。まさに、それこそが真の改革なのです。

東京電力の抜本的改組が必要

詳細は第五章で述べましたが、真の電力改革を行うために、一刻も早くゾンビ状態にある東京電力の救済をやめなければなりません。一応、東電は組織再編することになっていますが、今の案では本格的な電力システム改革にはなりません。抜本的に改組すべきです。既に東電は当事者能力を失っているので、国のエネルギー予算を組み替え、国の責任において福島第一原発の廃炉を行うことが必要です。

ほかの電力会社も、不良資産となっている原発を手放すことで経営は健全化され、融資している銀行も不良債権を処理できます。

こうした電力改革を実施することで、国民負担も軽くなり、発送電分離改革もより迅速に、本格的に実施できるようになるのです。

二十一世紀の進むべき方向は、「地域分散・ネットワーク型」社会です。そのためには、農協の改革だけでなく、財界もまた改革が求められているのです。

新しいオルタナティブを掲げて

最後に、本書の分担関係について書いておきます。自転車で風を切りながら、「エネルギー兼業農家」という基本的なコンセプトを決め、二人でスケルトンを話し合ったことは既に書きました。そのスケルトンに従って、たたき台の原稿を武本が執筆し、それを金子が加筆修正して、それを武本に戻して、また再考するという往復関係でできています。こうした手法で「はじめに」から「おわりに」まで順番に書き進めました。その意味で、本書は名実ともに共著といえるものです。

今日も二人で自転車に乗りながら、この新しいオルタナティブを掲げて閉塞状況を打ち破るために頑張ろうと話し合っています。読者の期待に十分には応えられていないかもしれませんが、読者の批判を謙虚に受け止めながら、より良いオルタナティブに練り上げていきたいと思っています。

ともあれ、ここまで来られたのも集英社新書編集部のお二人の編集者のおかげです。本書の企画は同編集部の落合勝人さんと細川綾子さんにお世話になり、本書を進行させる過程では、細川さんが、読者が理解し読みやすくするために、原典に当たりながら、拙稿に対して丁寧かつ必要不可欠なコメントをくださり、校正段階でも種々のご助言をいただきました。また、タイトルについてもご提案をいただきました。ここに感謝の意を表して、本書を閉じたいと思います。

二〇一四年一〇月

金子　勝
武本俊彦

図版制作／クリエイティブメッセンジャー

金子 勝（かねこ まさる）

一九五二年生まれ。慶應義塾大学経済学部教授。専門は財政学、制度経済学、地方財政論。おもな著書は『新・反グローバリズム』『「脱原発」成長論』など。

武本俊彦（たけもと としひこ）

一九五二年生まれ。食と農の政策アナリスト。一九七六年農林省（現農林水産省）入省。二〇一一年農林水産政策研究所長。著書に『食と農の「崩壊」からの脱出』。

集英社新書〇七五七A

儲《もう》かる農業論《のうぎょうろん》 エネルギー兼業農家《けんぎょうのうか》のすすめ

二〇一四年一〇月二二日 第一刷発行

著者……金子《かねこ》 勝《まさる》／武本俊彦《たけもととしひこ》

発行者……加藤 潤

発行所……株式会社集英社

東京都千代田区一ツ橋二-五-一〇 郵便番号一〇一-八〇五〇

電話 〇三-三二三〇-六三九一（編集部）
〇三-三二三〇-六〇八〇（読者係）
〇三-三二三〇-六三九三（販売部）書店専用

装幀……原 研哉

印刷所……凸版印刷株式会社

製本所……加藤製本株式会社

定価はカバーに表示してあります。

ISBN 978-4-08-720757-6 C0233

Printed in Japan

a pilot of wisdom

集英社新書　好評既刊

政治・経済——A

a pilot of wisdom

リーダーは半歩前を歩け　姜尚中
邱永漢の「予見力」　玉村豊男
社会主義と個人　笠原清志
「独裁者」との交渉術　明石康
著作権の世紀　福井健策
メジャーリーグ なぜ「儲かる」　岡田功
「10年不況」脱却のシナリオ　斎藤精一郎
ルポ 戦場出稼ぎ労働者　安田純平
「事業仕分け」の力　枝野幸男
二酸化炭素温暖化説の崩壊　広瀬隆
「戦地」に生きる人々　日本ビジュアル・ジャーナリスト協会編
超マクロ展望 世界経済の真実　水野和夫　萱野稔人
TPP亡国論　中野剛志
日本の1/2革命　池上彰　佐藤賢一
中東民衆革命の真実　田原牧
「原発」国民投票　今井一
文化のための追及権　小川明子

グローバル恐慌の真相　中野剛志　柴山桂太
帝国ホテルの流儀　犬丸一郎
中国経済 あやうい本質　浜矩子
静かなる大恐慌　柴山桂太
闘う区長　保坂展人
対論！ 日本と中国の領土問題　横山宏章　王雲海
戦争の条件　藤原帰一
金融緩和の罠　藻谷浩介　河野龍太郎　小野善康　萱野稔人
バブルの死角 日本人が損するカラクリ　岩本沙弓
TPP黒い条約　中野剛志・編
はじめての憲法教室　水島朝穂
成長から成熟へ　天野祐吉
資本主義の終焉と歴史の危機　水野和夫
上野千鶴子の選憲論　上野千鶴子
安倍官邸と新聞 「二極化する報道」の危機　徳山喜雄
世界を戦争に導くグローバリズム　中野剛志
誰が「知」を独占するのか　福井健策

社会——B

集英社新書　好評既刊

哲学・思想——C

a pilot of wisdom

努力しない生き方　桜井章一
いい人ぶらずに生きてみよう　千 玄室
不幸になる生き方　勝間和代
生きるチカラ　植島啓司
必生《ひっせい》 闘う仏教　佐々井秀嶺
韓国人の作法　金 栄勲
強く生きるために読む古典　岡 敦
自分探しと楽しさについて　森 博嗣
人生はうしろ向きに　南條竹則
日本の大転換　中沢新一
実存と構造　三田誠広
空《くう》の智慧、科学のこころ　ダライ・ラマ十四世／茂木健一郎
小さな「悟り」を積み重ねる　アルボムッレ・スマナサーラ
科学と宗教と死　加賀乙彦
犠牲のシステム 福島・沖縄　高橋哲哉
気の持ちようの幸福論　小島慶子
日本の聖地ベスト100　植島啓司

続・悩む力　姜 尚中
心を癒す言葉の花束　アルフォンス・デーケン
自分を抱きしめてあげたい日に　落合恵子
その未来はどうなの？　橋本 治
荒天の武学　内田 樹／光岡英稔
武術と医術 人を活かすメソッド　甲野善紀／小池弘人
不安が力になる　ジョン・キム
冷泉家 八〇〇年の「守る力」　冷泉貴実子
世界と闘う「読書術」 思想を鍛える一〇〇〇冊　佐高 信／佐藤 優
心の力　姜 尚中
一神教と国家 イスラーム、キリスト教、ユダヤ教　内田 樹／中田 考
伝える極意　長井鞠子
それでも僕は前を向く　大橋巨泉
体を使って心をおさめる 修験道入門　田中利典
百歳の力　篠田桃紅
釈迦とイエス 真理は一つ　三田誠広
ブッダをたずねて 仏教二五〇〇年の歴史　立川武蔵